用心理学拯救行为上瘾

张霞 著

BEHAVIOURAL ADDICTION

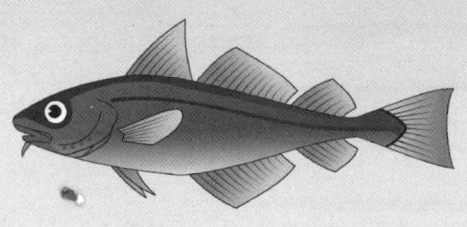

中国纺织出版社有限公司

内 容 提 要

数字时代，我们比身处人类历史上的其他任何时代都更容易上瘾。上瘾不只与毒品、酒精、药物等物质有关，更加隐蔽、不易被觉察的是行为上瘾——做了之后感觉不错，情不自禁还想做，哪怕这些行为长期来看会给自己带来严重伤害，如暴食、过度消费、沉迷手机等。行为上瘾给人带来的伤害，丝毫不亚于物质上瘾，它让人饱受愉悦与厌恶并存的撕扯之痛。

本书从神经生物学和脑科学入手，解释了上瘾的生理原因，剖析了"欲罢不能"背后的心理机制，让读者对行为上瘾有一个全面、客观的认识，提高对诱惑因素的觉察力和免疫力，同时反向利用上瘾机制，用全新的"无害行为"来替代之前有害的成瘾行为，重获对生活和自我的掌控权。

图书在版编目（CIP）数据

用心理学拯救行为上瘾/张霞著.--北京：中国纺织出版社有限公司，2023.9
ISBN 978-7-5229-0736-9

Ⅰ.①用… Ⅱ.①张… Ⅲ.①病态心理学 Ⅳ.①B846

中国国家版本馆CIP数据核字（2023）第128745号

责任编辑：郝珊珊　责任校对：高　涵　责任印制：储志伟

中国纺织出版社有限公司出版发行
地址：北京市朝阳区百子湾东里 A407 号楼　邮政编码：100124
销售电话：010—67004422　传真：010—87155801
http://www.c-textilep.com
中国纺织出版社天猫旗舰店
官方微博 http://weibo.com/2119887771
天津千鹤文化传播有限公司印刷　各地新华书店经销
2023年9月第1版第1次印刷
开本：880×1230　1/32　印张：7.25
字数：188千字　定价：58.00元

凡购本书，如有缺页、倒页、脱页，由本社图书营销中心调换

序言

2013年5月,越南的独立游戏开发者阮哈东发布了一款名叫"笨鸟"(Flappy Bird)的手机游戏,这款游戏的操作特别简单,玩家只需要不停地点击屏幕,操控"小鸟"飞越各种障碍。在游戏的巅峰时期,阮哈东的工作室每天仅广告收入就高达50000美元!

多么惊人的数字!可是,时隔不到一年,也就是2014年2月,阮哈东却发表推文,宣告"笨鸟"正式下架。不是因为玩家厌倦了,也不是因为惹了官司,而是它太容易让人上瘾了!不少玩家深陷其中无法自拔,他们表示:"《笨鸟》会把我害死的!我为了它不吃饭、不睡觉,还失去了朋友""它的副作用比毒品还大,简直毁了我的生活……"

提到上瘾,多数人会把它和毒品、酒精、尼古丁联系在一起。然而,新一代的上瘾与摄入化学物质没有太大的关系,毕竟那些极端的尝试要付出巨大代价,多数人在这一点上还是很理性的。新型上瘾更多地体现在,对于难以戒除的有害体验的深度依恋,最典型的就是手机上瘾。尽管没有化学物质的参与,但这种上瘾与物质上瘾在机制和表现上是一样的。

数字时代，我们身处比人类历史上的其他任何时代都更容易上瘾。

相关统计显示，多数人每天在手机上花费的时间是1~4小时，每个月几乎有100小时用于社交聊天、浏览新闻、玩游戏、刷视频、网络购物等。按照这样的趋势估算，我们这一生大概得有11年的时间献给智能手机。

智能手机并不是唯一的罪魁祸首。展开来说，如果一个事物在短期内满足了你的需求，让你渐渐地忽视了生活的其他方面，不顾一切地去追求这个事物，且长期而言会造成严重伤害，那么这一事物就会导致上瘾。

行为上瘾让人内心充满焦灼与烦躁，一边极度痛恨上瘾的自己，一边又无法摆脱上瘾的行为。为什么我们总是管不住自己？难道只是因为意志力太差，在欲求腾起的瞬间盲目地选择了随心所欲？一旦行为上瘾，是否还有机会摆脱呢？这是许多人在思索和担忧的问题。

如果你在某些事物上存在上瘾的倾向，或是正在饱受行为上瘾的折磨，我非常理解你的复杂心情和感受。选择翻开这本书，也表明你渴望自己不断变得更好。此时此刻，恳请你放下自我苛责与批判，因为行为上瘾不都是你的错，也不是道德缺陷，更不是单纯依靠意志力就可以解决的问题。

行为上瘾与大脑深处的奖赏机制有关，打游戏时发生的大脑反应与吸毒后的大脑反应是一样的。多巴胺的释放水平比自然状态下要高出10倍！这种反应几乎可以瞬间发生，且效果持续的时间比自然刺激更长。

大脑的奖励机制所产生的欣快感与愉悦感，强烈刺激着人们从中寻找更多的东西。从这个角度来说，对抗成瘾犹如对抗本能，艰难程度可想而知。更加棘手和被动的是，处在这个擅于制造欲望的时代，越来越多的产品设计者利用心理机制助推我们沉溺于神经系统被刺激后产生的快感中。正像设计伦理学家特里斯坦·哈里斯所说，问题并不出在人缺乏意志力上，而在于"屏幕另一边有数千人在努力工作，为的就是破坏你的自律"。

行为上瘾散发着危险的气息，但值得庆幸的是，我们与行为上瘾的关系不是一成不变的。拯救行为上瘾的关键，在于充分理解上瘾的机制，看清它背后的原理和逻辑。一旦你获悉了行为上瘾的规律，知道它怎样利用人类的心理弱点，就能提高对诱惑因素的觉察力和免疫力。即使已经存在行为上瘾的迹象，也可以反向利用上瘾的机制，重新设计习惯回路，利用全新的"无害行为"来替代之前有害的成瘾行为，再将这个好习惯固化下来。

最后，祝愿我们都能成为自我的主宰，利用好有限的生命，获得充实、快乐的人生。

目录

01 辑　重建认知　撕掉上瘾的道德标签 / 001

你以为的爱好，也许是上瘾 / 002

令人上瘾的不只毒品和酒精 / 004

终止"成瘾即失德"的污名 / 008

操纵大脑成瘾的幕后黑手 / 012

02 辑　警惕触发　上瘾行为是怎样开始的 / 017

上瘾陷阱：大拇指上的廉价娱乐 / 018

B = MAP：行为发生的通用模型 / 022

外部触发：谁在充当行为的召唤者 / 026

内部触发：情绪的威力不可小觑 / 031

03 辑　奖赏诱惑　瞬时反馈是一剂瘾药 / 037

大脑的奖赏机制与上瘾行为 / 038

及时强化的美妙就像"嗑瓜子" / 041

所有瘾品都有即时满足的功效 / 045

为何吸烟比注射毒品更易成瘾 / 049

大脑天生偏爱不确定的反馈 / 054

令你痴迷的是哪一种奖励 / 058

辑 04　心理牵制　欲罢不能背后的玄机 / 067

是什么让你"频频回顾" / 068

差一点就赢了？快醒醒吧 / 071

投入得越多，越难以割舍 / 076

心流是一种令人上瘾的体验 / 081

未完成的悬念是一剂瘾药 / 086

辑 05　自我关怀　看见未被关注过的痛苦 / 091

上瘾的背后是未疗愈的创伤 / 092

为理想化自我买单的"购物狂" / 095

接纳真实的、不够好的自己 / 101

痛苦不会因为吃一顿而消失 / 107

没有哪种情绪该被粗暴地对待 / 111

学会与真实的情绪建立连接 / 115

把成瘾行为和"我"区分开 / 120

体会自己的难处，对自己慈悲 / 126

辑 06 掌控环境 跳出意志力的陷阱 / 131

为什么靠意志力戒瘾总是失败 / 132
跳出意志力陷阱，重视环境的效用 / 136
不利的环境是成瘾复发的导火索 / 140
远离那些阻碍你前进的"老朋友" / 145
移除诱惑源，优化所处的环境 / 148
提前预演应对消极诱因的方案 / 153
深入的人际关系是戒瘾的钥匙 / 158

辑 07 觉知当下 用正念战胜欲望的诱惑 / 165

多巴胺其实是一个欲望分子 / 166
痴迷于没有的，无法享受已拥有的 / 169
习惯性分心是对上瘾系统的犒赏 / 173
制造仪式感，对分心保持警觉 / 176
培养正念专注力，改变上瘾脑回路 / 182
利用正念抵御网络瘾品的诱惑 / 185
正念饮食：食物成瘾者的自我救赎 / 190

辑 08 重塑习惯 把好习惯变成无意识行为 / 195

习惯 = 暗示 + 惯常行为 + 奖赏 / 196

坏习惯无法消除，但可以被替代 / 200

改变上瘾行为的"黄金法则" / 204

从微行动入手，养成新的惯常行为 / 207

塑造新习惯，固定流程必不可少 / 212

后记 / 219

辑01

重建认知
撕掉上瘾的道德标签

你以为的爱好，也许是上瘾

> 很多时候，我完全搞不懂自己，也控制不了自己。
>
> 明知道做一件事情对自己有好处，可就是不去做，或者无法持续做，比如读书、锻炼，总能给自己找到借口。反过来，明知道做一件事情对自己没好处，却还是反反复复地做，比如看博主推荐、追网剧，充着电也要继续，还安慰自己说这是犒劳和休息。
>
> 后来，有人跟我说，这也是一种"上瘾"。
>
> 上瘾？一直以来，我对"瘾"的理解，还停留在烟瘾、酒瘾、毒瘾、赌瘾的层面，可这些东西我是不碰的，也不感兴趣。直到有一天，我无意间瞥见了一本书，封面上赫然有四个字——行为上瘾，瞬间打破了我的认知。
>
> ——Suzy 的网络日志

和 Suzy 一样，许多人对于瘾的认识，都与那些显而易见、众所周知的成瘾类事物有关。实际上，生活中还有不少的瘾，正如这个汉字的组成部分（病字头+隐）所暗示的一样，是隐性的、不易察觉的，甚至很容易被误认为是生活方式、习惯或爱好。

瘾的英文是 addiction，这个单词有两层含义：其一是无法停止使用有害的物质或做出有害的行为；其二是花费大量时间做自己感兴趣的事，也就是爱好。用一个单词表达两种意思，这也间接地说明，人们经常把爱好和上瘾混淆。

当一个人无法自控地吸毒、赌博时，人们会说他上瘾了；可当一个人把业余时间全部用来玩手机，或是无法自控地消费购物时，人们更倾向于用"他喜欢玩手机""她喜欢购物"的方式来描述。可我们都知道，爱好和上瘾根本不是一回事。

A 工作了一天之后，玩了两局游戏，然后就去做其他事情或准备休息。通过游戏 A 获得了放松，让一天的疲惫得以缓解。A 说"我的业余爱好是玩游戏"，这无可厚非。

B 工作了一天之后，打开手机游戏，一局接一局地玩，钟表时针已经指向了凌晨 1 点，他仍然沉浸在游戏中，怎么也停不下来，直至困倦到支撑不住才罢休，严重影响了第二天的正常工作和生活。B 说"玩游戏就是我的业余爱好"，你信吗？

📝 划重点

行为心理学家指出：做了一件事情让你感觉很好，于是你情不自禁地还想做，即使从长远的角度来看，你知道这样做可能对自己没有好处，可还是无法停止。当你感到心情沮丧时，会想要通过做那些感觉不错的事情来避免不愉快的体验，这样下去就会成瘾。

爱好是一种有益身心的行为，如果一种行为此刻带来的愉悦和奖励，最终因为其破坏性后果而抵消，那它不是爱好，而是上瘾。所以，千万不要把成瘾当作爱好来欺骗自己。

令人上瘾的不只毒品和酒精

> 我是一家医疗机构的销售代表，拥有双硕士学位。在周围人眼中，我是一个工作出色、个人条件优秀的职业女性，但他们不知道，我的日子过得一片狼藉。因为购物上瘾的问题，我已经累积了近10万元的债务，我也不想这样，却总是鬼使神差地"下单"。
>
> ——购物上瘾者 May
>
> 最初，我就是为了锻炼和乐趣去跑步，也不知道从什么时候开始，我脑子里有了一个执念：每天必须跑10

> 公里！哪怕身体已经出现了不适的症状，我还会坚持跑，不然就觉得这一天缺了点什么。直到上周，我腿疼得厉害，医生说是膝关节部位的软骨被过度磨损。
>
> ——跑步上瘾者小 K

上瘾可以分为两类，一类是物质上瘾，另一类是行为上瘾。

物质上瘾，主要是指烟瘾、酒瘾、甜食瘾、药物依赖等。行为上瘾与吃、喝、注射或摄入特定的物质无关，且表现形式多样，如网瘾、游戏成瘾、工作成瘾、健身成瘾、购物成瘾、社交媒体成瘾等。与滥用药物相比，行为上瘾更隐蔽，不易被发现，而它的危险之处也正在于此。

多数人知道物质上瘾的危害，也见证了毒品、酒精的危害性，认为远离它们就可以避开上瘾的旋涡。事实上，上瘾也在随着时代的演变而发生变化，数字时代的体验设计家们，与那些炮制上瘾物质的化学家们一样，正在炮制着令人同等上瘾的行为，而我们也在不知不觉中成为"猎物"。时刻目不转睛地盯着智能手机，就是最好的注脚。

在现实生活中，严重的行为上瘾（达到需要接受治疗、无法正常生活的程度）终究是少数，中度的行为上瘾却很常见。由于它们带来的负面影响不如严重上瘾那么明显和强烈，因而更容易被忽视。其实，行为上瘾的破坏力丝毫不亚于物质上瘾，因为它们的形成机制是类似的。

神经科学家曾认为，只有毒品和酒精等物质可以导致上瘾，在他们看来，行为或许可以带给人愉悦感，但那种愉悦无法上升成与毒品、酗酒相关的破坏性、急迫感。然而，近年来的研究却颠覆了这一观点。

📝 划重点

人类大脑针对不同的体验，会表现出不同的活动模式。科学家在实验中发现，吸毒成瘾者注射海洛因时的大脑反应，和游戏成瘾者完成新任务挑战时的大脑反应几乎是一样的，唯一的差别就是强度不同。

不要觉得玩游戏、刷手机只是"爱好"，从成瘾的生理机制上来说，这些行为与吸毒、酗酒激活的是相同的大脑奖赏系统，都会让人形成"做了还想做"的习惯。

那么，怎样判断自己有没有成瘾呢？

在医学上确认成瘾，需要经过严谨的诊断过程，非专业人士很难做到。鉴于行为上瘾和物质上瘾在症状上比较相似，我们不妨以《精神障碍诊断与统计手册》中对物质成瘾的诊断标准为参考，对自身情况进行一个粗略的评估：

1. 对成瘾物质的摄入量或使用时间，总是超出原本的预期？

2. 减少或停止使用成瘾物质后，会产生烦躁、心痒难耐的戒断反应？

3. 对成瘾物质产生耐受性，需要更多才能达到原来的效用？

4. 明知道成瘾物质的危害，依然持续使用，完全不受控制？

5. 对成瘾物质过度关注，大部分时间都会不由自主地想到它？

6. 成瘾物质给身体、心理和社会功能都带来了损害？

7. 即使成瘾物质造成了消极后果，仍然义无反顾地沉迷？

把上述的成瘾物质替换成自己可能成瘾的事物或行为，就可以大致判断出自己是否存在上瘾的倾向。不过，还是要声明，这只是一个粗略的评估，不是绝对的诊断标准。目的在于，让大家对于行为上瘾和自身的情况多一点了解。许多问题只有意识到了，才有改变的可能，最可怕就是在无知与麻木中沦陷。

终止"成瘾即失德"的污名

> 十几年前,我开始吸食海洛因和可卡因,有时一天甚至要注射多次,那些伤口现在仍然看得见。我停不下来,即使是在被学校辞退、因交易毒品被捕之后,我依然停不下来。虽然我知道,戒毒能够帮我早日出狱。
>
> 我曾是一个成绩优异的孩子,也是父母最大的骄傲。即使我让他们一次次地失望,可他们仍然相信,是我的大脑被毒品"侵蚀"了,让我无力应对这种慢性的、顽固的疾病。可是,周围人不是这么看我的,他们给我的评价通常只有三个字——"不学好",觉得我就是一个自私的、可怕的、没救的"瘾君子"。
>
> ——吸毒者 H

为什么一个人会成瘾?

在解释这个问题时,不少人将问题直指成瘾者的道德品行,认为是成瘾者过分沉溺于享乐,被操控、被洗脑、缺少自制力等。这样的看法并不是基于严谨的事实,没有哪一项严肃的成瘾问题研究证明成瘾者一定存在性格或道德上的缺陷。人们评判成瘾者是主动选择堕入深渊时,更多的是基于文化和经验带来的刻板印象。

有关"成瘾即失德"的迷思,拥有着漫长的历史,也经历过多次的演变。

公元6世纪,罗马教皇格里高利列出"七宗罪":傲慢、嫉妒、暴怒、懒惰、贪婪、暴食和色欲。之后,但丁在《神曲》里根据恶行的严重性进行排序,"暴食"被排在第二位,其解释是"过分贪图逸乐"或"耽溺/沉迷"于某事物,包括酗酒、滥用药物等成瘾性行为。

18世纪,美国医生本杰明·拉什将酗酒视为一种"意志疾病"。他在1784年出版的《烈性酒对人体的作用及其对社会幸福的影响调查》中指出:对于那些豪饮者来说,酗酒产生的生理影响,最终会掩盖所有控制饮酒行为的努力。这一观念,推动了美国后来的禁酒运动。

直至今日,失控与失德这两种迷思仍然广泛存在于人们对成瘾者的认知中。

调查显示,美国与欧洲对酒精和毒品成瘾者的态度,和对精神病患者一样消极,甚至更加恶劣。最常见的一种刻板印象就是,吸毒者意志力薄弱、无可救药;有药物滥用问题的人是脆弱的、无能的、可耻的、无价值的。人们倾向于给成瘾者贴上"污名"标签——懒惰、自私、暴力、狡诈、欺骗、犯罪倾向等。

多数人对于成瘾者的印象，始终介于清晰与模糊之间：清晰来自僵固化、道德化的描述，来自影视剧里那些歇斯底里、咎由自取的成瘾者角色；模糊来自对成瘾的生理机制、心理机制以及环境影响知之甚少。这种歪曲的、片面的认知，让许多成瘾者背负上"道德沦丧"的污名，遭到周围人的歧视与误解。

 划重点

"污名"一词最早源于古希腊，是指刻在或烙在身体上的表示某人不受欢迎、道德败坏或有行为缺陷的标记。20 世纪 60 年代，加拿大社会学家欧文·戈夫曼将污名的概念引入心理学研究领域。他认为，由于个体或群体具有某种社会不期望或不欢迎的特征，降低了其在社会中的地位，污名就是社会对这些个体或群体贬低性、侮辱性的标签。

在经历被污名化的痛苦之后，成瘾者往往会将公众的轻蔑态度内化，导致所谓的"自我污名化"，产生羞耻感、消极的自我评价，延迟寻求治疗或完全回避治疗。

> 我每天要看很长时间的色情片，自慰十几次，哪怕是在开会时、乘车时，也忍不住去幻想那些事情……我很痛苦，可就是停不下来。每次想起这件事，我都感到无比羞耻，觉得自己很恶心。我害怕被人发现，也没有勇气寻医，不想被当成"变态""色情狂"。
>
> ——性上瘾者 R 的网络日志

在过分保守的、对性污名化的社会环境中，人们对于"合适的"性欲有一个严苛的标准，一旦感觉自己性欲旺盛，性行为或是性幻想多于身边的人时，就很容易认为自己"不正常"，甚至背负上"龌龊"的污名。实际上，产生性欲的原因可能是生理性的，也可能是心理性的，比如某些脑部病变或神经系统受到损伤，抑或是患有精神分裂、边缘型人格障碍、强迫症等，这些问题与道德没有任何关系。

划重点

污名源于陈旧和错误的观念，歧视和偏见给成瘾者带来的不仅是委屈，还有羞耻感。羞耻感会慢慢内化成为一种对自我的负面评价，降低寻求治疗的意愿，让戒瘾变得更加艰难。

上瘾不是道德层面的问题，有时也不是自愿选择的。戒瘾需要多方面因素的配合，而最先要迈出的一步就是，正确认识成瘾的生理机制，客观、公正地对待"上瘾"的人，不要简单粗暴地扣上"失德"的帽子，无论那个人是自己还是他人。

操纵大脑成瘾的幕后黑手

不知道从什么时候开始，我感觉自己变得越来越懒散，用"堕落"来形容也不为过。每天上班都像是混日子，该干的事情总是往后拖，不到最后一刻就无法说服自己投入其中。这两年来，我在工作方面没有任何进步，大部分的时间都浪费在手机上。

不管是通勤路上、工作间隙，还是下班后的休息时间，我几乎都是手机不离手。其实，也不是有多喜欢，像是被绑架了一样，不看手机总觉得别扭，不自觉地就滑开屏幕。刷视频、玩游戏、看新闻，两三个小时很快

> 就过去了；一旦开始做"正经事"，就觉得烦躁无聊、度日如年，又忍不住想去滑手机。
>
> ——重度拖延者小新

为什么一部小小的手机、一款简单至极的游戏，能让人迷恋和依赖到放弃去做重要的事，慷慨地把时间和精力奉献出来？答案无非两个字——上瘾。

上瘾无关道德品行，也并非意志力薄弱，真正的原因是：几乎所有让人成瘾的东西，都符合人类大脑中的一套让人上瘾的神经机制。

20世纪50年代初，美国心理学家詹姆斯·奥尔兹和彼得·米尔纳为了确定大脑奖赏回路的分布状况以及具体位置进行了一项实验：在白鼠大脑的不同位置植入电极，将连接电极的电线另一端连接在笼子里的踏板上。

起初，白鼠在笼子里乱跑时无意碰到了踏板，很快它就学会了踩踏板这一行为。有时，白鼠会很专注地踩踏板，甚至忽视水和食物，直到精疲力竭才停下来。然而，历经片刻的休息之后，它又会继续去踩踏板。

白鼠的这一行为引起了两位心理学家的注意，他们感觉这似乎触及了大脑中负责奖赏和愉悦的区域。在发现这一现象后的十年里,他们一直在白鼠的大脑中寻找可以引起白鼠自我刺激的电位,以此来确定大脑奖赏和愉悦回路的具体位置。

最终,他们有了惊人的发现:只有刺激内侧前脑束愉悦回路的脑区时,白鼠才会不知疲倦地按压踏板。这种疯狂迷恋的状态,让雄鼠对发情的雌鼠丧失兴趣,让雌鼠对自己的幼崽不管不顾,甚至让有些白鼠累到衰竭而亡。

白鼠如此痴迷于踩踏板,就是因为电击激活了大脑中的奖赏回路,使其释放出能让白鼠感到愉悦的神经递质——多巴胺!

划重点

> 多巴胺是一种脑内分泌物,是大脑中含量最丰富的儿茶酚胺类神经递质,能调控中枢神经系统的多种生理功能,与人类的情欲、感觉有关,能传递兴奋、开心的信息,对个体行为有重要影响。通俗地讲,多巴胺是一种易让人上瘾的物质,一旦抽离会让人感到留恋和难受。

小白鼠的基因与人类基因相似度极高,当我们的欲望得到满足时,如吃美食、吸烟、购物、玩游戏时,也会激活大脑的神经元释放出多巴胺。多巴胺会与另一种目标神经元的多巴胺受体结合,令人产生兴奋感和愉悦感。

不过，这种愉悦感不会持续太久，因为多巴胺与受体的结合是短暂的，过不了多久，多巴胺就会自行脱落，再次被神经元吸收回去。此时，愉悦感就会消失。多巴胺被吸收回去，为的是等下次受到刺激时再次释放，重新完成上述的过程，让人们再次体验到愉悦感。无论是小白鼠乐此不疲地踩踏板，还是贪恋美食的人不停地往嘴里送食物，抑或是游戏上瘾的人一局接一局地发起挑战……都是为了再次体验那种行为带来的愉悦感。

🖊 划重点

在无人为干扰的情况下，多巴胺会正常且自然地发挥作用，协调大脑的愉悦与奖赏回路。当人们对某一物质或行为上瘾时，就会破坏大脑中多巴胺的天然运作机制，导致大脑被多巴胺制造的"匮乏感"绑架，继而出现强迫行为。

多巴胺分泌的过程无疑是美妙的、令人迷恋的，可它的副作用也不可小觑。最先表现出来的就是耐受性，上瘾行为每重复一次，耐受性阈值就会提高一点；每一轮刺激过后，大脑产生的多巴胺就会减少，想要达到跟原来一样的感觉，就需要更大或更长时间的刺激。只要上瘾者继续拼命去获取瘾品，这个循环就会一直持续。

另外，人们一旦对某些东西上瘾，就会对愉悦感的来源产生依赖。平日里那些令人感到开心愉悦的事情，很难让人轻易地从中体会到快乐。对瘾品的依赖性，还表现为一旦戒断或停用，接触不到瘾品，就会感到心痒难耐，出现易怒、注意力无法集中等情况。

辑 02

警惕触发
上瘾行为是怎样开始的

上瘾陷阱：大拇指上的廉价娱乐

> 我知道不该浪费那么多时间在手机上，可就是无力挣脱。走到哪儿手机都不离手，无论是工作、走路、乘车、吃饭……手机好像变成了身体的一个器官，没有它就觉得浑身不自在，十分钟不看就像犯了烟瘾一样，焦躁不安。
>
> ——手机上瘾者达达

相关统计显示，79%的智能手机用户会在早晨起床后的15分钟内翻看手机。2011年某大学进行的一项研究表明，现代人每天平均要看34次手机，而业内人士给出的数据更是高得惊人，将近150次；多数人每天在手机上花费的时间为1~4小时，每个月几乎有100小时沉迷在使用手机上……刷屏时代，我们太容易行为上瘾了；就算没有上瘾，也已经对电子产品产生了依赖。

你会不会经常无意识地摸手机？迫不及待地查看微信消息、朋友圈互动？每天忍不住多次打开短视频软件？趁着休息间隙继续前一天没有过关的游戏？原本，你只打算看几分钟、玩一局，结果半小时、一小时之后，手指仍然在手机屏幕上不停地滑动……这种欲望，有时会在一天之内涌现多次，而你却浑然不知、全然不觉。若真如此，说明一切已成习惯。

✏️ 划重点

认知心理学家认为，习惯是一种在情境暗示下产生的无意识行为，是几乎不假思索就可以做出的举动。如果习惯是好的，结果是获得精进；如果习惯是坏的，结果是逐渐上瘾。

每天搭乘地铁上下班，路上的时间全靠手机来打发。其实，也没什么可看的，但不看手机就觉得心里空落落的。上班期间，客户消息都是用微信回复，经常忍不住顺手点开朋友圈、手机推荐的新闻，工作效率受影响是必然，可就是忍不住。晚上回到家，吃完饭后可以直接躺床上刷手机，现在的手机屏幕大了，看电影、综艺节目都很方便。

——上班族 + "低头族" Cindy

Cindy的一天是不少上班族的缩影，而手机上瘾也已经是许多人无法摆脱的事实。行为上瘾和物质上瘾一样，都是在愉悦与痛苦之间摇摆，为此有不少人感叹：好怀念没有智能手机的时候，那时候的娱乐选择不多，却比现在快乐得多！

智能手机从来都不是问题的根源。技术是中性的，它可以令人痛苦，也可以令人幸福。使用智能手机的人，由于使用方法不同，选择的App不同，个人的体验是不一样的。

纽约大学心理学家亚当·阿尔特做过一项统计，那些正在使用阅读、锻炼、教育和健康类App的人们，表示感觉还不错，而他们平均每天花在这些应用上的时间只有9分钟。反之，那些正在使用约会、社交、游戏、娱乐、新闻类App的人们，普遍表示感觉不太好，而他们平均每天花在这些App上的时间是27分钟。

同样都是使用智能手机，为什么社交、游戏、短视频、新闻类的App，会比阅读、教育、健康类的App更容易让人沉迷和上瘾呢？

原因就是，前一种类型的App都属于"大拇指上的廉价娱乐"：无须做任何准备，也不用进行思考，只需轻轻点击一下手机屏幕，就可以完美地刺激多巴胺分泌，获得暂时的愉悦感，整个过程简单至极！

很少有人会意识到，在做这些事情时，我们与实验里踩一下踏板就能体验快感的小白鼠，没有什么分别。一旦形成条件反射，光是按下按钮，听到一声熟悉的"double kill"，就满足得忘乎所以了。久而久之形成习惯，上瘾行为就变得越来越频繁。

当然，这不全是我们的错。从某种意义上来说，刷屏时代的用户，都是产品设计者的"猎物"；产品不可或缺的一大要素，就是让用户养成习惯、产生依赖性。说得更直白一些，我们以为自己是在玩手机，其实是手机在利用我们，因为我们的行为早在不知不觉中被设计了。

当我们捧着手机沉浸在网络世界乐此不疲时，那些设计出令人上瘾产品的大咖们，却没有加入这场狂欢。乔布斯限制自己的孩子使用 iPad，Twitter 的创始人没有给自己的孩子买过平板电脑，游戏设计师对《魔兽世界》避而远之，数量惊人的硅谷巨头们根本不让自己的孩子靠近电子设备。他们比其他人更清楚，行为上瘾有多么容易，又是多么可怕！

划重点

亚当·阿尔特在《欲罢不能：刷屏时代如何摆脱行为上瘾》中指出：与药物上瘾或对某种物质上瘾不同，当一个人行为上瘾时，他完全丧失了"继续"还是"停止"相关行为的自由选择能力。即使继续下去已经不那么享受，即使很清楚这个行为长期持续会给自己带来伤害,却还是停不下来。

现代生活离不开互联网,面对层出不穷的诱饵,我们无处可逃。但这并不意味着,我们无法避开或拯救行为上瘾。当你了解了行为上瘾的生理机制,破解了非药物性瘾品的"设计机关",看穿了引诱你上钩的把戏,你就可以有效地避开陷阱,在这张网罩下来之前,主动做出对自己有利的选择。

B = MAP: 行为发生的通用模型

> 如果你沉迷某款游戏,那不一定是你的错。游戏会调动玩家的竞争欲,比如内置抽奖"开箱"系统,把一些可以提升玩家游戏体验的道具放入抽奖系统中诱惑玩家,即使中奖率不高,玩家抽中一次高级别游戏道具后,也会上瘾似的继续抽奖和"开箱"。
>
> ——某游戏公司用户研究部负责人

无论是网络游戏、购物软件还是社交媒体，这些"瘾品"中都蕴含着行为设计学原理。人类的行为模式是有迹可循的，任何一个行为都不会无缘无故地发生，如果你的注意力从来没有被《糖果传奇》或《王者荣耀》吸引，你也没有体验过它们带来的愉悦，你就不可能在这些游戏上投入时间、精力和金钱，更不可能落入游戏上瘾的陷阱。

习惯不会凭空养成，而是逐步形成的，这就需要思考一个问题：在产品同质化的时代，为什么某一款"瘾品"可以吸引你的注意，而其他的同类却不能？是什么原因促使你开启了与这一"瘾品"的第一次接触？

🖊 划重点

所有的上瘾行为都与一个公式有关，它就是斯坦福大学的福格博士提出的行为模型：B = MAP，这是一种适用于任何行为的通用模型。

B 代表行为（Behavior），M 代表动机（Motivation），A 代表能力（Ability），P 代表提示（Prompt）。福格认为，当动机、能力和提示同时出现的时候，行为就会发生；如果其中任何一个要素没有出现，就可能不会做出某个行为。

M：动机（Motivation）

动机是能量的源泉，为人们做出某一特定行为提供了理由。

2009 年，迈克·克里格和凯文·赛斯特伦对上年的失败产品——Burbn（一款地点分享 App）进行复盘。这款 App 的定位打卡功能不太受欢迎，但它的照片分享功能让用户很喜欢。于是，两位合伙人决定再开发一款新的 App，主打照片分享功能。

与人分享照片是一件有趣的事，人人都渴望收获正面的评价。如果能让用户使用滤镜来美化照片，他们必然会对自己分享的照片更为满意，并强化进一步分享的意愿。从福格行为模型来看，这无疑是一个很好的开始，因为用户有渴望分享照片、期待正面评论的动机，这为他们选择使用这款 App 奠定了基础。

福格博士认为，能够驱使人们采取行动的核心无外乎三种：第一，追求快乐，逃避痛苦；第二，追求希望，逃避恐惧；第三，追求认同，逃避排斥。不难看出，在设计新款 App 时，克里格和赛斯特伦利用的是人们"分享照片的快乐"和"渴望被认同"的心理动机。

A：能力（Ability）

能力是完成一项任务的综合素质。行为越简单，就越有可能变成习惯，不管是"好习惯"还是"坏习惯"，其运作原理都是一样的。

那些容易令人产生行为上瘾的产品，在设计之初就已了解了人类行为的运作模式，因此它们大都拥有简单、好用、易上手的特性，目的就是降低用户的使用壁垒。克里格和赛斯特伦当然也深谙这一点，他们上一次的失败产品Burbn，就是输在了功能复杂上。这一次，他们决意要开发一款功能简单的照片分享App，最终他们也做到了。

2010年，Instagram顺利问世，用户只需要点击3次就可以轻松上传照片。当时，市场上有Flickr、Facebook和Hipstamatic三个竞品，但它们并没有破解照片分享功能的秘诀。Instagram能够脱颖而出，与它的简单设计不无关系。

P：提示（Prompt）

在福格行为模型中，动机和能力是持续存在的，而提示是稍纵即逝、非此即彼的，要么你注意到它，要么你忽略它。如果你没有注意到提示，或是提示没有及时出现，无论动机和执行能力多么强，都很难让行为发生。

当手机铃声响起时，你有接听电话的动机，接电话的行为也只是手指轻轻向上一滑。然而，提示是稍纵即逝的，如果你没有听到电话铃声，自然就不会去接听。同样，你也可以消除这个提示，阻止接电话的行为发生。

✎ 划重点

任何上瘾行为都有"第一次",这个"第一次"往往不是始于动机和能力,而是始于提示,也称为触发。正如斯坦福大学商学院教授、畅销书《上瘾:让用户养成使用习惯的四大产品逻辑》的作者尼尔·埃亚尔所说:"触发是提醒人们采取下一步行动的重要因子。"

动机是一个复杂又善变的东西,时刻都处在波动中,且多数波动难以预测。强烈的动机只适合去做一次就能完成的真正困难的事,但高水平的动机很难维持,更多时候人们的动机是处在一般水平,只会去做那些容易完成的事。令人上瘾的行为,大都是简单易操作的,即使动机水平一般,只要通过一定的心理技巧来施加影响,就能让人轻松进入"上瘾路径"。

外部触发:谁在充当行为的召唤者

原本,我只是想搜索一下煲汤的食谱,没想到页面推荐了一条极简生活指南,封面的配图和文案戳中了我

> 的心，我就点了进去，心想着反正看一下也不会花太多时间。但是我看完了这篇推文退出来后，很快又跳出了一条吸引我的穿搭指南……然后，我就看了一条又一条，当感觉肚子有点饿时，我才意识到要搜索的食谱早就被抛诸脑后，此刻本该待在厨房里的我，又被手机困住了，不知不觉就刷了一个多小时。
>
> ——手机上瘾者"桃之妖妖"

发生在"桃之妖妖"身上的情景，让很多人产生了共鸣，只是"困住"每个人的东西有所区别罢了。也许，你是刚打开阅读App，打算利用周末时间读完一本书，才看了几页，就被一条新闻推送拽走了注意力，然后不知不觉刷了一下午，看书计划成了泡影。

只要接触手机和互联网，类似的场景几乎每时每刻都在上演。这些门户网站或者App，巧妙利用了人类的心理特性，借助算法——根据你过去的浏览数据为你打上兴趣标签，推送与之相匹配的内容，触发你的行为动机。时间久了，你看到的自然都是你喜欢的、想看的东西，看似是不经意地推送，实则背后是满满的"套路"。

触发可以激活某种行为，这也是上瘾行为开始的第一步。尼尔·埃亚尔教授在《上瘾》一书中指出，触发分为两种：一种是外部触发，另一种是内部触发。外部触发，通常潜藏在信息中，把下一个行动步骤清楚地传达给我们，告诉我们接下来该做什么。刷屏时代，多数人与上瘾行为的初次"邂逅"，都和尼尔·埃亚尔提到的三种外部触发有关：人际型触发、回馈型触发和自主型触发。

划重点

人际型触发：熟人之间的相互推荐是一种有效的外部触发，无论是链接邀请、口碑相传，还是游戏通知"你有 N 位朋友正在打 boss，邀请你赶快上线"。

> 没上大学之前，我的心思和时间大都扑在学习上，这也使我如愿考上了一所 211 大学。少了升学的压力，多了自主支配的时间，不少同学就开始玩一款叫作《英雄联盟》的游戏，聊天的话题也都是关于游戏的。抱着融入群体的心态，我也开始玩，结果一发不可收拾。
>
> ——游戏上瘾者"蘑菇"自述
>
> 午休时间，几个同事凑在茶歇间娱乐，一个同事玩《羊了个羊》，其他几个人围观，忍不住指手画脚，欢声

> 笑语不间断。那段时间，我看到不少人在朋友圈发布与之相关的动态，但自己一直没有玩过。带着好奇心，我加入了围观大军，并正式"邂逅"这款游戏。没想到，这游戏真"上头"，那天夜里两点钟，我还在通关。
>
> ——沉迷《羊了个羊》的小悠

📝 划重点

回馈型触发：这一外部触发主要从视觉上进行，如正面的媒体报道、热门的网络短片、应用商店的重点推荐等。如换装游戏《闪耀暖暖》，每当有新的活动上线，网络的各大平台都会上线超级精美的宣传片和海报，吸引老玩家"回坑"，新玩家继续"氪金"。

> 多数女孩喜欢给芭比娃娃换衣服，我也不例外。上初中时，我接触到了《暖暖环游世界》，那是我玩的第一个换装游戏，从此就迷上了。然后，一路从《奇迹暖暖》玩到《闪耀暖暖》，中途我也"弃坑"过，无奈招架不住

那些精美的宣传海报，于是又"回坑"。

——换装游戏上瘾者鸽子

✏️ 划重点

自主型触发：这种触发在生活中很普遍，它每天都会持续出现，以驱动人们重复某种行为作为重点，逐渐形成习惯，最终选择认可它的存在。

我在浏览网站时看到了一篇文章，标题和内容很吸引我，但读到 2/3 时被告知，要下载某新闻 App 才能阅读全文。操作很简单，只要点击一下链接就可以下载，再用微信账户直接登录，毫不费力。从此，我的手机屏幕上多了一个应用程序图标，每天的通勤路上、下班之后或是无聊的时候，我都会打开它，一天不看就觉得"难受"，生怕错过了什么。

——爱刷新闻的芸子

外部触发仅仅是行为上瘾的第一步，当人们经历了一整套的流程，体验到了愉悦感之后，外部触发的作用就会消退，取而代之的是内部触发。

内部触发：情绪的威力不可小觑

> 我在英国读书，第一次接触 Instagram 源于朋友的推荐，现在它已经成了我生活的一部分。每天，我都会抓拍一些东西，把照片上传到 Instagram，想把转瞬即逝的时刻全部记录下来。心情不好的时候，我会把最近的照片用滤镜处理成怀旧风格，借由照片的色彩和意境，来传达我的情绪和感受。
>
> ——Instagram 上瘾的"曲奇"

网友"曲奇"喜欢用图片传达思想和情感，拍照也是她的惯常行为之一，Instagram 的出现刚好与她的需求和喜好相吻合。每当她担心某一瞬间流逝，或是触景生情时，就会打开 Instagram 用拍照记录的方式来满足自身的需求。多次重复后，即使没有外部的提示，她也会主动打开Instagram。这种行为反应已成为"曲奇"的习惯，而外部触发也已经完美地转变成了内部触发。

内部触发，主要是利用人们的认知偏差，在心理层面促使人们做出某种行为。内部触发不是一蹴而就的，通常需要频繁使用上瘾产品数周或数月，才能让内部触发发展成行动暗示。在内部触发的问题上，正向情绪和负向情绪都充当着重要的角色。

> 正向情绪

> 我超喜欢社交电商平台，内容丰富，养眼的配图、走心的文案，着实都是我的"菜"。特别是一些穿搭推荐，和我的日常风格很像，我跟着那些博主学到了不少穿搭技巧，当然也被"种草"无数次，几乎每个月都会入手衣服鞋子，真的是无法抗拒呀！
> ——沉迷社交电商平台的琪琪

为什么社交电商平台推荐的都是琪琪喜欢的、想看的？答案就是——算法。

当琪琪反复浏览和"森系穿搭""减脂餐"有关的内容时，系统就会把更多匹配的内容推荐给她，这几乎是互联网产品通用的"撒手锏"。毕竟，每个人都有兴趣爱好，精准推送的目的就是投其所好，锁定浏览者的注意力，这一算法利用了社会心理学中的"喜好原理"。

划重点

喜好原理，是指人们更容易答应自己认识和喜欢的人所提出的要求。社会心理学研究显示，喜好通常受以下几方面因素驱动：相似性、熟悉性、合作性、关联性和称赞。

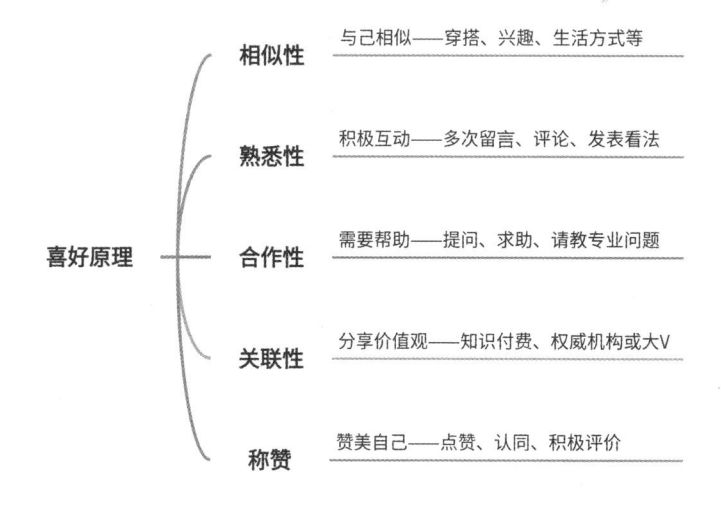

喜好原理
- 相似性　　与己相似——穿搭、兴趣、生活方式等
- 熟悉性　　积极互动——多次留言、评论、发表看法
- 合作性　　需要帮助——提问、求助、请教专业问题
- 关联性　　分享价值观——知识付费、权威机构或大V
- 称赞　　　赞美自己——点赞、认同、积极评价

当我看到平台上与我年龄相仿（相似性）的博主，穿着我最喜欢的森系服饰，以自然舒适的状态，坐在简约又不乏精致的书房里，分享着"早起的人生收获"（关联性），呈现出自律又自由的人生状态时，我忍不住关注了她，并刷了她之前发布的所有动态。

我平时也会发布一些动态，主要是分享美食制作。喜欢这类内容的朋友挺多的，有不少网友关注了我，经常给我留言、点赞（熟悉性与称赞），或是提出一些疑问（合作性）。我愈发觉得，热衷于制作美食并不仅是出于口欲，更多的是体现了对生活的热爱。

——沉迷社交电商平台的琪琪

负向情绪

✎ 划重点

负向情绪是一种威力强大、不可小觑的内部触发，无论是孤独、厌倦、焦虑、困惑、自卑还是恐惧，都会让人体验到不同程度的痛苦或愤怒，让人几乎在一瞬间就不自觉地采取行动来压制或逃离这种情绪。

当人们发现某一上瘾产品或行为有助于缓解负向情绪时，就会逐渐与之建立稳固且积极的联系。在重复多次后，两者之间就形成了固定的反应模式，只要当事人受到内部触发的刺激，就会借助这一产品或行为获取安慰。

如果当初不玩游戏的话，我可能会吸毒。回头想想，我也不是被某种特定类型的游戏机制吸引了，因为除体育游戏和解谜游戏之外，我什么游戏都玩，我想要的只是从生活中解脱出来。后来，经过一段时间的治疗，我终于知道自己不断想要逃离的东西是什么——原生家庭、焦虑症和抑郁症。

——前游戏上瘾者小杰

游戏成瘾是一种慢性成瘾，具有更隐蔽的特点。起初打游戏让人觉得只是放松一下，无伤大雅，但是逐渐会成为一种习惯与生活必需品。尤其是在遇到挫折和打击时，沉迷性会增强，让人逐渐产生社会退缩行为，除了打游戏什么都不想做。我在工作中接触过非常多的家庭，一家三口在家时，每人抱着一部手机，相互之间没

> 有多少交流。
> ——知名心理专家肖利军

无论是积极行为还是上瘾行为，其发生都与动机、能力和触发有关，只要三种因素同时出现，行为就会发生。在刷屏时代，容易诱发上瘾行为的事物，通常不需要我们具备强烈的动机，且对能力的要求极低，只要设置好触发开关，就能让我们轻而易举地投入行动。

上瘾行为与触发密不可分，为了更好地理解这部分内容，你可以结合自身的情况思考以下几点问题，以此来做一个简单的复盘，把学习到的内容和经验转化为能力：

1. 目前你是否存在行为上瘾的问题或倾向？
2. 最吸引你的、占用你时间和精力最多的瘾品是什么？
3. 你初次接触这一瘾品的契机是什么？（外部触发）
4. 这一瘾品给你带来了怎样的情绪体验？（内部触发）
5. 对瘾品的触发机制进行分析后，你有哪些新的想法和认识？
6. 这些新的认知是否有助于你抵制和减少上瘾行为？

辑 03

奖赏诱惑
瞬时反馈是一剂瘾药

大脑的奖赏机制与上瘾行为

> 你绝不会在某天早晨醒来后,突然决定要成为一个吸毒成瘾的人。任何成瘾习惯的形成,都需要至少连续三个月、每天注射两次才行……毫不夸张地说,一个成瘾者的诞生得经过约一年时间和数百次注射。
>
> ——《瘾君子》威廉·巴勒斯

划重点

学习理论的奠基人之一桑代克认为,学习是在刺激和反应之间建立起一种因果关系的联结,哪一种行为会被"记住",会与刺激建立联结,取决于这种行为产生的效果。

联结学习是人类认识世界的重要机制,通过这一学习机制,人类能够知晓哪些行为可以产生愉悦的、美好的奖赏,哪些行为会带来痛苦的、糟糕的惩罚。

人们之所以会上瘾,正是因为在接触和尝试某些事物的过程中体验到了愉悦感,从而在这些事物(刺激)与行为(反应)之间建立联结,形成奖赏记忆。也就是说,成瘾与联结学习密切相关。

实验中的小白鼠,因为踩踏板的行为能够获得快感,从而在踏板(刺激)与"踩"这一行为(反应)之间建立了联结,形成奖赏记忆,使它下一次可以快速准确地获得愉悦感。人类也是一样,倘若在暴食时体验到了放松的感觉,那么食物就是刺激线索,吃就是反应,把两者联系起来就形成了奖赏记忆。之后,每次一看到食物,就会做出吃食物的行为,自此也就学会了让自己获得愉悦感的方法。

当一个人通过某种行为找到了获得快感的方法,会发生什么呢?毋庸置疑,必然是渴望重复获得,再次体验那种愉悦的感觉。学习机制的存在,很大程度上就是为了"找到"多巴胺的激活方式;大脑在刺激与反应之间建立联结,也是为了记住"找到"多巴胺的绿色通道。

及时获得奖赏和愉悦感,无疑会让人们不可自拔地对某一行为上瘾。但是,有些行为并不能及时得到奖赏,却仍然让许多人沉迷,这又是为什么呢?

✏️ 划重点

瑞士弗里堡大学的神经生理学家沃尔弗拉姆·舒尔茨在实验中发现,多巴胺系统不只是在实际享受时才作出反应,预测奖赏也会激发多巴胺的释放。

当大脑接收到一个消息,说即将体验到某种享受,多巴胺系统会快速行动起来。有意思的是,当享受的内容真正到来时,多巴胺系统的反应并不会加强。

疯狂迷恋购物的小秋,看到网站推出新款服饰、鞋子时,就会在脑海中幻想自己穿上它们之后的样子,感觉这些好物可以改变自己的个人状态。此时,她大脑中的奖赏系统正在忙碌地工作。然而,等真的拥有了那些衣服和鞋子之后,未知事物的神秘感变成了熟悉的日常,她便觉得那些东西也没有想象中那么好。新奇感消失,多巴胺的通路关闭,失望乘虚而入。

衣服和鞋子并没有变,改变的只是小秋的预期。当我们忍不住疯狂购物、暴饮暴食、熬夜刷手机时,让我们产生冲动和愉悦感的,可能不是行动之后的结果,而是行动之前的预期。然而,这种预期是不分是非对错的,它不会管你是学习、运动,还是暴食、赌博或打游戏。

及时强化的美妙就像"嗑瓜子"

> 睡前打算看10分钟的短视频,却一不留神刷到了半夜;本想吃两口炸鸡解解馋,吃完又忍不住加单了薯条、汉堡和甜品;暗自发誓只要通过第23关就退出游戏,结果越玩越"上头",连续通了10关还意犹未尽……这样的事情,几乎每天都在发生,我一边享受着低成本、无价值的快乐,一边憧憬着丰盈自律的人生,感觉自己就是一个"骗子"。
>
> ——手机上瘾者 Lee

许多人有过和 Lee 一样的感触:不是故意要浪费时间、沉迷手机、暴饮暴食,只是想稍稍缓释一下"心痒难耐"的欲望,预想着可以按照头脑中的"计划"及时叫停,结果却是高估了意志力,变成"上了贼船下不来"。接着,懊恼自责,发誓"下次不会了""必须管住自己",可真的到了"下一次",往往还是重蹈覆辙。

为什么会这样呢?现在,恳请你放下自责,先来了解一下"嗑瓜子效应"。

打开一袋瓜子，只要嗑了第一颗，就像是打开了潘多拉魔盒，忍不住嗑第二颗、第三颗，哪怕中途去做一点儿其他事，也会在回来后接着嗑，不知不觉就把瓜子嗑光了。如果换成一包现成的瓜子仁，往往吃上几口就腻了。

同样的瓜子，一颗一颗嗑着吃，为什么比吃现成的瓜子仁要"香"呢？

原因就在于，一颗瓜子从嗑、咀嚼到吃进去，只需要几秒钟的时间！也就是说，只要短短几秒钟，就能够得到嗑瓜子这一行为带来的奖励。嗑瓜子的行为激活了大脑中的奖赏系统，使其释放出让我们感到愉悦的神经递质——多巴胺！可惜，多巴胺带来的快感很难持续，想要持续获得满足感，就需要不断地密集刺激——不停地嗑下去。

我们之所以会掉进"廉价娱乐"的陷阱，变成快感的奴隶，正是源于"嗑瓜子效应"。打开手机，轻松一滑，就能翻阅各类图文、短视频，快速收获奖励。从行为心理学角度阐释，这一原理的核心是"即时强化"。

🖉 划重点

人们通过联结学习，掌握获益的方法，从而得到对自己有利的结果。当令自己满意的结果出现时，大脑中的奖赏回路就会启动，从而让这个行为得到强化。如果强化及时，会促进联结的建立；如果强化不及时，联结就无法建立。

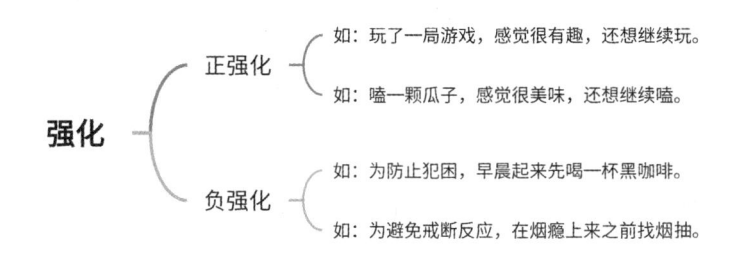

强化
- 正强化
  - 如：玩了一局游戏，感觉很有趣，还想继续玩。
  - 如：嗑一颗瓜子，感觉很美味，还想继续嗑。
- 负强化
  - 如：为防止犯困，早晨起来先喝一杯黑咖啡。
  - 如：为避免戒断反应，在烟瘾上来之前找烟抽。

正强化总是和有利的结果联结在一起，且伴随着愉悦感；负强化能够避免痛苦的体验，做出行为之后能够防止糟糕的事情发生。无论是哪一种，最终的目的都是趋乐避苦，很多时候两者之间并不存在明显的界限。

划重点

无论是正强化还是负强化，想要促进联结的建立，都必须满足一个重要的条件——即时反馈！如果反馈延迟，不能及时给予奖励，强化的作用就会减弱，联结就难以建立。

心理学家赫洛克做过一个著名的心理实验：把被试者分成4个小组，在4种不同的诱因之下完成任务，给予不同的反馈，观察被试者的反应。

第 1 组（激励组）：每次完成任务后，给予鼓励和表扬。

第 2 组（受训组）：每次完成任务后，对存在的问题严加批评和训斥。

第 3 组（忽视组）：每次完成任务后，不给予任何评价，只让他们旁观第 1 组和第 2 组受表扬与批评的情景。

第 4 组（控制组）：与前 3 组隔离，每次完成任务后，也不给予任何评价。

实验结果显示：成绩最差的是第 4 组（控制组），第 1 组（激励组）和第 2 组（受训组）的成绩明显高于第 3 组（忽视组）。第 1 组（激励组）的成绩不断提升，学习积极性较高；相比而言，第 2 组（受训组）的成绩不太稳定，有一定的波动。

这一实验表明，人有渴望获得即时反馈的需求，即使是负面的反馈，也好过没有反馈。正所谓："无回应之地，即是绝境。"

纽约大学游戏中心执教游戏设计的本尼特·福迪也说过："游戏必须遵守反馈规则，如果没有稳定的反馈奖励，玩家们就有可能停止玩耍。有些奖励可以很微妙，比如'叮'的声音，或是游戏角色跑过草坪时，草应该稍稍弯曲。"细想想，何止是游戏如此呢？

所有瘾品都有即时满足的功效

> "从前的日色变得慢,车、马、邮件都慢,一生只够爱一个人。从前的锁也好看,钥匙精美有样子,你锁了,人家就懂了。"每次读木心的这首小诗,我既感动又感慨,感动的是老旧时光里人与人之间的情感和生活的意境,感慨的是互联网让一切变得随时供应、立等可取,让人难以安住当下,变得浮躁、慌乱和迷茫。
>
> ——"慢生活"践行者小暖

从前的生活节奏慢,没有即时通信工具,一字一句地写封信,贴上邮票寄出,然后心怀期待地等着对方回信。虽然也在焦急地盼着,却不影响按部就班地过好眼下的生活,做好手边的事情。如今,这样的画面已不复存在,我们变得没有耐心、情绪焦躁,很容易就被眼前的诱惑吸引,无心停驻在当下,去做那些重要的事,陪伴那些重要的人。

也许,你也像"慢生活"践行者小暖一样,对当前的生活状态,对自己的行为方式进行过反思和感慨,甚至也曾扪心自问过:为什么我明知道有些事情很重要,却偏偏拖着不去做？为什么我明知道刷手机、打游戏是浪费时间，却总是难以自持？

1999年，国外的三名专家开展了一项和人类选择倾向有关的研究。

他们招募了一群受试者，提供24部电影候选名单，让他们从中选出3部。这些电影中，有符合大众口味的影片，如《窈窕奶爸》《西雅图未眠夜》；也有耐人寻味的经典影片，如《钢琴家》《辛德勒的名单》。专家们想知道，受试者是会选择娱乐性的大众电影，还是会选择有思想内涵的电影。

实验开始后，受试者们各自挑选出了自己比较喜欢的3部电影。然后，专家让他们从中选择1部放在第一天观看；再选出1部，第二天观看；最后1部，第四天再观看。

在受试者们选出的"最喜爱影片"中，《辛德勒的名单》几乎是必选项，毕竟它太经典了。不过，选择在第一天观看《辛德勒的名单》的人只有44%，多数人更倾向于先看娱乐性的电影，如《变相怪杰》《窈窕奶爸》等；把《辛德勒的名单》放在第二天和第四天观看的人，所占比例分别为63%和71%。

这一次的实验数据显示，人们似乎更倾向于将有思想深度的影片放到最后观看。

紧接着，专家们又进行了另外一项实验：要求受试者选择可以"一次性连续看完"的 3 部影片。面对这样的要求，选择《辛德勒的名单》的人，只有前一次实验人数的 1/14。

📝 划重点

人们在做选择的时候，总是不自觉地倾向于安逸的事。这种现象被称为"即时倾向"，即现在可以得到的满足感更重要，只要现在舒适就好，懒得去思考问题；现在想要的东西，以后未必还想要，所以不妨先满足即时的需求。

深谙心理学的产品设计者们，充分利用了人类贪图当下享受的天性，用快速满足的方式，刺激人们的大脑分泌大量多巴胺。当愉悦感消退后，极度的空虚和无聊就会涌现，用户会不自觉地寻找新的类似目标，重新获取快感。

艾媒咨询的数据显示，2020 年中国短视频市场规模已达到 1408.3 亿元；中国互联网络信息中心（CNNIC）报告显示，2020 年中国网民人均每周上网超 30 小时；第十八次全国国民阅读调查显示，2020 年我国成年国民人均纸质图书阅读量为 4.70 本，而人均电子书阅读量仅为 3.29 本……阅读带来的缓慢快乐，俨然无法与电子产品所带来的快速感官刺激相提并论,这些数据的背后,都是人们为了即时满足所投入的时间。

大量的事实还证明,恋爱关系不良、糟糕的领导力、药物滥用、暴力和自杀等问题,也与即时满足的倾向有关。我们不难想象,当恶习比美德带来更多的即时满足感,当孩子也和成人一样被电子产品"绑架",陷入行为上瘾的旋涡,会带来什么样的后果。

媒介环境学家尼尔·波兹曼在《童年的消逝》一书中指出:印刷时代,文字是主导媒介,儿童要经过长时间的学习和训练才能获得与成人分享文化世界的能力。电子时代,电视搅乱了培育童年的信息环境,成人的性秘密和暴力问题转变为娱乐,孩子们接触的复杂事物越来越多,理解能力和智识却被训练得退化了,这些孩子在长大后更容易成为"童稚化的成人"。

当我们安于瘾品带来的即时满足,让生活被各种"廉价娱乐"所充斥,无法静下心来系统地学习、认真地做事,那不就是现实版"童稚化的成人"吗?

划重点

M·斯科特·派克在《少有人走的路》里说过:"人

生苦难重重，自律是解决人生问题最主要的工具，而实现自律的第一步就是推迟满足感。为了更有价值的长远结果，放弃即时满足，不贪图暂时的安逸，重新设置人生快乐与痛苦的次序：先面对问题并感受痛苦，然后解决问题并享受更大的快乐，这是唯一可行的生活方式。"

为何吸烟比注射毒品更易成瘾

> 打开书本刚看了三五页，就不由自主地打开社交平台，看看有谁给自己点了赞；计划周末加班赶一下工作进度，却窝在床上玩游戏，一局接着一局；写订阅号的任务还没有做，忽然想起热播的网剧到了更新的时间……那些"做不做两可"的事情，总是比"应该做的事情"更有诱惑力，我该怎么办？
>
> ——重度拖延者球球

行为上瘾与拖延，几乎是一对孪生子。

当一个人行为上瘾时，无疑会把大量的时间和精力耗费在瘾品上，从而效率低下，无心无力去做那些重要的事。在拖延重要事情的过程中，内心的焦灼感会不断涌现，诱发出烦躁、悔恨、自我厌恶等负面情绪，为了逃避痛苦的体验，又会加重对瘾品的依赖。

面对这样的情形，我们常常充满了迷惑与困顿：为什么理性和意志力总是敌不过及时行乐的欲望？为什么"无聊的事"总是比"重要的事"更有诱惑力？

✏ 划重点

理性是人类大脑进化后的产物，而即时满足则是原始动物脑的所求，资历远比理性要深得多。想要单纯依靠理性去压制即时满足，就等于在违抗本能，几乎是不可能成功的。

研究者们训练一只饥饿的白鼠走一个简单的迷宫，迷宫里有两条通道：

通道1：白鼠抵达终点，可立刻获得一小块食物。

通道2：白鼠抵达终点，等待一段时间，可获得一大堆食物。

毫无疑问，理性的抉择应该是通道2，但白鼠更青睐通道1，因为抵达终点后，立刻就能获得少量的食物。即时满足受控于原始脑,从生存的角度来说,在资源稀缺、环境充满不确定性的情况下,延迟满足并不利于生存,即时满足反而更加现实。毕竟,在饥饿难耐的情况下,最重要的就是抢夺食物,而不是顾及其他。

白鼠选择即时满足,是因为这么做更有利于生存。从强化理论的角度来分析,这个实验也可以说明:当一个行为发生时,即时反馈的强化效用比延迟反馈更胜一筹!就算延迟反馈可以获得更大、更多的奖励,也不能抵消"即时性"的重要性。

科学家在人类身上也进行过相关的实验研究:2007年,哈佛大学教授大卫·刘易斯与他的合作者们做了一个实验。受试者是哈佛大学的一大批本科生,他们被告知第二天要做研究,且在做研究之前不能饮水。

在进行实验时,这些受试者已经很长时间没有饮水了,处于十分口渴的状态。实验开始后,他给这些口渴的学生两个选择:

选择1:现在就喝一小杯果汁。

选择2:5分钟之后,喝两小杯果汁。

结果,超过60%的学生选择了现在就喝一小杯果汁!

接着,他们又做了一个相关的实验:受试者依旧是一批特别口渴的学生，但这一次的选项发生了变化：

选择1：20分钟后，可以喝一小杯果汁。

选择2：25分钟后，可以喝两杯果汁。

这一次，70%的学生选择了"25分钟后喝两杯果汁"，只有30%的学生选择第一种。

在第一种情况下，当立刻就有果汁喝时，多数学生选择现在就喝，不愿意多忍耐5分钟。在第二种情况下，学生们觉得反正要等20分钟，再多等5分钟也无妨，那样就能多喝一杯果汁，这样的"收益"更诱人。

划重点

> 人们对于当前的折现率，远远要高于对远期的折现率。当人有当前偏差时，拖延就会应运而生。因为远期的诱惑力，远没有当前的诱惑力那么大。

同样口渴的情况，却出现两种大相径庭的结果，正是因为当前偏差：当前的折现率，远远大于20分钟后的折现率，远期的诱惑抵不过当前的诱惑。这一现象可以充分地解释：为什么"无聊的事"总是比"重要的事"更有诱惑力？为什么我们宁愿拖延重要的事情也不肯放下手机？

生活中那些容易让人行为上瘾的事物，在强化的即时性和刺激强度上，往往都被"设计"得恰到好处。在当下时刻，由于它们能够即时给予反馈，因而具有更大的诱惑力。这种反馈不一定多么强烈，可就像一剂瘾药，轻而易举就勾起你的兴致，让你欲罢不能。

在许多人的观念中，注射毒品肯定比吸烟更容易上瘾，但事实恰恰相反。

虽然香烟的精神刺激远不如海洛因强烈，可就像实验中更受白鼠青睐的通道1一样，吸烟更容易实现即时满足，根本不需要等待。

每吸一口香烟，大约15秒就可以激活愉悦回路，获得愉悦感。通常来说，一支香烟可以吸上几十口，一个人一天可以吸一两包烟。相比之下，虽然注射海洛因可以得到更强烈的愉悦感，但是注射之后的几个小时之内，都不能再注射了。一个海洛因成瘾者，一天只能获得2次强烈而快速的愉悦感，可一个烟民却可以选择每小时吸一支烟，快意一整天。

成瘾不是一朝一夕之事，而是一个长期过程。正如我们所看到的，即时反馈、持续的奖赏更容易强化上瘾行为。这也提醒我们，不要小瞧那些轻松就能获取的、持续微弱的快感，总是有意无意地被它们刺激和强化，就离成瘾不远了。

大脑天生偏爱不确定的反馈

> 它是我们这一代人的"可卡因",人们上了瘾。我们体验到了戒断反应,我们受这种"毒品"的极大驱动,只要来上一发,就能引发真正特别的反应。我说的是点赞,它们难以觉察地成为主宰我们文化的第一代数字"毒品"。
>
> ——Lovematically 创办人拉米特·查拉

我们先来讲讲和 Lovematically 有关的故事。

Lovematically 是一款应用程序,上面的那番话就是其创办人发布在主页上的介绍。这款 App 的设计初衷是对用户消息推送里发布的每一张图片点赞,如果点赞数字是"瘾药",那么 Lovematically 的用户就是在免费发放这种药。

在最初三个月的实验期里,查拉是这款应用唯一的用户。其间,他自动给消息推送里的每一篇帖子点赞,这让他体验到了给他人鼓舞带来的温情,同时也获得了他人热情的点赞回馈,以及每天平均新增 30 名粉丝的关注量。整个试用期,他总共吸引了 3000 多名关注者。

2014 年，查拉向 5000 名 Instagram 的用户发送下载应用测试版的邀请，不到 2 小时，Instagram 就以违反社交网络使用条款为由，关闭了 Lovematically。

这样的结果，并没有让查拉感到意外或失望，他说："我早在发布软件之前，就知道 Instagram 会这么做。你们懂的，按照毒品行业的黑话，Instagram 是'毒贩子'，而我是市场上来的新家伙，免费发药。只是，没想到 Instagram 的行动这么快，我以为至少能撑一个星期。"

对于使用智能手机的人，点赞是一个再熟悉不过的事物。

打开朋友圈或短视频软件，发布一条图文或视频动态，紧接着就开始"心神不安"，恨不得每隔 2 分钟就打开看一眼，有没有人给自己点赞或评论。结合前面讲过的内容，你应该不难猜到，点赞最大的用途就是实现"即时反馈"。

当通知提示有朋友点赞或是有新评论时，大脑就会分泌出多巴胺，令人产生兴奋感和愉悦感。待点击提示按钮、揭晓"谜底"之后，愉悦回路就关闭了。紧接着，发布者又开始期待下一个点赞、下一条评论，或是更新动态，重新获得愉悦的体验。

> 发完朋友圈，要是过了一两个小时或半天，没有看到点赞和评论，我就会特别失落，甚至产生一种自我怀疑感，似乎是我发的内容不够好、我不值得别人关注……有时我会直接删掉这条动态，不让自己"惦记"；有时我会重新编辑，希望新的内容可以"被看到"；有时我还会转发到其他平台，期待在那里获得关注和认可。
>
> ——社交媒体上瘾者小鹿

仔细回顾不难发现：在"发布动态→查看通知→看到提示→揭晓谜底"的过程中，最令人兴奋的阶段发生在"看到提示"和"揭晓谜底"之间，因为预测奖赏激活了多巴胺的释放！这个过程就像是"开盲盒"，在打开盲盒之前，期望值会不断累加，直至打开"盲盒"的那一瞬间，多巴胺的分泌达到峰值！

那么，问题来了：为什么点赞带来的满足感，远超过发送图文给他人获得直接的反馈呢？沉迷于"开盲盒"的人，为什么不选择直接购买，凑齐想要的东西呢？

20世纪50年代，心理学家斯金纳开展了一项研究，试图了解多变性对动物行为的影响。

实验的第一阶段，斯金纳将鸽子放进安装了操纵杆的笼子，只要压动操纵杆，就能获得一颗小球状的食物奖励。就像奥尔兹和米尔纳实验中的白鼠一样，鸽子很快发现了压动操纵杆与获得食物奖励之间的联结。

实验的第二阶段，斯金纳做了一点小小的改变：鸽子压动操纵杆后，不是固定出现一颗球状食物，而是间歇性获取，即有时会得到，有时不会得到。当鸽子发现只能间歇性地获得食物奖励时，压动操纵杆的次数变得更频繁了。

划重点

斯金纳的鸽子实验形象地阐释了驱动人类行为的原因：如果每次得到的奖励是确定的，我们很快就会对一样事物失去兴趣；当我们永远处在"不知道下一颗巧克力是什么味道"的状态时，即使每一次的惊喜都不大，我们依然会对这样事物上瘾。这种随机获得的奖赏机制，在心理学上被称为"间歇性变量奖赏"，赌场中的"老虎机"就是利用了这一心理效应。

"开盲盒"最大的吸引力，不是得到里面的物品，而是通过不确定的获取来完成物品的收藏，给自己制造持续的满足感。常见的抽卡类游戏也是基于这一反馈机制，满足玩家由不确定和预期产生的愉悦感。当玩家预期能够抽到渴望的角色时，大脑就开始分泌多巴胺了。

社交电商、短视频类的App更不用说，手指轻轻一划，永远不知道下一条图文或视频是什么。也许是喜欢的萌宠、穿搭、美食，也许是讨厌的产品推广，也许是勾起回忆的煽情文案，或者是PPT制作技巧、写作课程推荐……这种符合喜好与需求，时而有所出入的情况，都是间歇性变量奖赏机制在发挥效用。

当间歇性变量奖赏结合个性化的推荐，为每个人匹配适合的奖赏物时，行为上瘾会变得格外容易。当你的手指忍不住在手机页面上不停滑动，当你想退出某款应用却又恋恋不舍时，不妨问问自己：我到底在期待哪一种"奖励"？

令你痴迷的是哪一种奖励

Facebook兴起时，我正在读高中。平时有社恐倾向

辑03
奖赏诱惑　瞬时反馈是一剂瘾药

> 的我，在现实的人际交往中总是犯错，但在 Facebook 上我可以把自己包装成喜欢的样子。我创建了个人账号，分享经典电影里的台词和单曲循环的旋律，在这个虚拟的世界里，我更加坦率和开放，也借助它发泄情绪。
>
> 很快，我发现自己的注意力开始分散，脑子里想的事情越来越多，学习时总是反复翻看 Facebook，每天都要在这上面花费几个小时。情况越来越糟，为了不影响考试，我在考前临时注销了账号。考试结束后，我和家人外出旅行，无法用电脑（当时还没有智能手机），我心里像是种了草，迫不及待想回家登录 Facebook，心想着肯定有很多留言提醒。
>
> 其实，大多数的提醒只是表面的评论，或是一个简单的"点赞"，没有任何意义。可我就是忍不住想看。许久以后，我才了解到，社交媒体平台本身从设计上就是会引人上瘾的，它设置的提醒会刺激大脑分泌多巴胺，和赌博、吸毒没什么两样。
>
> ——前社交媒体成瘾者小乔

在上一个小节的末尾提到，当你不由自主地在手机屏幕上滑动手指时，不妨问问自己：我在期待哪一种"奖励"？你的答案是什么？也许，每一次的沉迷和难以割舍都有不同的原因。

尼尔·埃亚尔认为，让人欲罢不能的习惯养成类产品，大多运用了三种类型的奖励，即人际奖励、猎物奖励和自我奖励。

人际奖励

人类是社会性动物，彼此相互依存，没有谁是一座孤岛；与此同时，每个人都有被接纳、被认同、被重视、被喜爱的内在需求。社交媒体的诞生，恰恰是基于人的这些需求，它促进了人与人之间的交互频率，极大地缩减了沟通成本，消除了时间和空间上的障碍。

App Annie 发布的《2019移动市场报告》显示，全球月活跃用户数排名前十的 App 分别是：Facebook、WhatsApp、Messenger、微信、Instagram、QQ、支付宝、淘宝、Wi-Fi万能钥匙、百度。不难看出，排名前六位的 App 都是社交类的，这充分说明，人类天生有对社交的渴望，而移动互联网在时间和空间上满足了人们的多种心理需求。

社交媒体的注册十分简单，甚至可以用其他账号一键登录，操作起来极为便捷。在这样的情况下，只要有触发，行为就会发生。不过，社交媒体 App 的设计者们很清楚，这只是吸引用户的第一步，丢掉了奖赏和反馈，就丢掉了用户。那么，社交媒体平台是怎样利用奖赏机制让用户难舍难离的呢？

📝 划重点

社交媒体里的反馈选择，如转发、分享、点赞、评论等，是用户在与他人的互动中获取的人际奖励。社交媒体平台上发生的事情具有不可预测性和随机性，用户知道会有奖励，但不知道奖励何时到来，心理学家将这种回报称为"可变比例强化"程序，这是社交媒体成瘾的一个重要机制。为了获得属于自己的那一份社交认同，用户会不断地发布内容，并反复查看屏幕，期待第一时间获取人际奖励。

有一段时间，我总是忍不住翻看朋友圈，明明半小时前才看过，也知道里面没有什么新内容，这么做很无聊，但就是会不由自主地点开看一下，似乎已经成了习惯。每次点开看完后，我并不觉得开心，反而是有些焦虑和烦躁，觉得自己是在浪费时间。我意识到，这件事情已经给我造成了负面的影响，所以我决定关闭朋友圈。

——爱刷朋友圈的晓蕾

✏️ 划重点

心理学家阿尔伯特·班杜拉认为,人们之所以在生活中效仿他人,是因为具备向他人学习的能力。当用户在社交媒体平台上看到他人因某种行为获得人际奖励时,或是看到他人与自己在某些方面存在相似性,就很容易将对方视为学习的范例。

> 我几乎每周都要在社交电商平台买衣服,它们都来自穿搭大V的推荐,我实在太喜欢那些风格了。每次看到博主们的美照,就忍不住在脑海里幻想自己穿上它们拍出同款美照的样子。或许,我也渴望像她们一样,能把这些照片分享在朋友圈、微博、抖音,展示出自己"最好"的一面,收获其他人的点赞和积极评价吧!
>
> ——社交电商平台购物成瘾的苏苏

猎物奖励

📝 划重点

　　猎物奖励,可以理解为人们受欲念的驱使,对各种资源和信息的追逐。食物是生存的必需品,远古时代,人们会不断地追逐猎物;现代社会,无须捕猎也可以获得食物,为此人们就把目标瞄准了其他事物。

　　和前男友分手后,我一直在网上悄悄地追踪他的动态。不知道该感谢社交媒体,还是该憎恶它。在那里,我可以"看到"他,可越是追踪越痛苦。我已经对这件事上了瘾,每天频繁地打开Facebook,生怕错过他的更新,闲来无事就去翻看他以前的动态……这样的状况,让我很难从这段结束的感情中走出来。

——社交媒体成瘾者思思

　　无论是社交媒体平台,还是短视频App,源源不断涌现在滚动屏幕上的信息,调动了人们追逐猎物的原始本能,内容的多变性又为人们提供了不可预测的诱人体验。有时你会刷到

感兴趣的、对自己有价值的内容，有时又刷不到，为了追逐"猎物"，自然就会继续"刷"。

自我奖励

✏ 划重点

心理学中的自我决定理论认为，个体是积极向上的，具有自我实现和自我成长的需要，有自主、胜任、归属等心理需求，这些需求会增强个体的内在动机。自我奖励，指的就是人们在行动过程中，获得的正反馈、价值感、成就感、可控感等。

> 每次登录游戏界面，看到自己的游戏角色和装备，我都会产生一种满足感。从最初的"菜鸟"，一路打怪升级，前后花了几年的时间。我记不清楚刷了多少个通宵，由于长期盯着目标和频繁使用鼠标，我还患上了干眼症和腱鞘炎。为了成为游戏里的"强者"，我付出了很多，也失去了很多，可我就是无法放下。
>
> ——游戏成瘾者"萨满大叔"

在现实生活中，解决掉一个难题、完成一个有挑战性的目标，或是在完成任务后犒赏自己一份美食，都属于自我奖励；在虚拟的网络世界中，打败对手、得到装备、收获关注等，也属于自我奖励，因为这些过程本身给人带来了愉悦感和满足感，获得奖励的渴望是促使人们继续某种行为的主要原因。

有关奖励的形式，我们已经介绍完了。现实生活中那些令人成瘾的产品，往往会把多种奖赏融合在一起，提升产品对用户的吸引力。回想一下，你经常使用且令你产生行为上瘾倾向的App，是否与上述的奖励方式相吻合？而你又被哪一种奖励吸引着？

辑 04

心理牵制
欲罢不能背后的玄机

是什么让你"频频回顾"

> 玩游戏是为了爽,但奇怪的是,这个游戏我玩得并不爽,却还停不下来!我感觉,自己就像是落入了一个怪圈,在"想玩→血压飙升→自我怀疑→还是想玩"之间来回地横跳,最后在"越玩越生气"的复杂心情的驱使下,一次次地发起挑战、观看广告、在朋友圈吐槽。
>
> ——沉迷《羊了个羊》的阿磊

2022年下半年,号称"通关率不足0.1%"的堆叠式消除游戏《羊了个羊》,一夜之间火遍全网,不少人受到外部因素的触发,开始接触这款游戏。

第1关属于"入门科普"的级别,给所有人的感觉都是"so easy"!顺利过关后,获得了自我奖赏,忍不住开始挑战第2关。按照传统的游戏经验,玩家们认为第2关的难度也就比第1关稍大一点,但谁也没有想到,这么一个小游戏的第2关,却是一座难以翻越的大山。

玩家们纷纷与游戏死磕,又纷纷受挫,有人建议这个游戏应该改名叫"驴了个驴",因为不服输的倔强者太多了!多数玩家把"过不去的第 2 关"归咎于游戏的难度太大,但资深玩家和行业人士表示:《羊了个羊》并没有烧脑的复杂度,出现的牌型更像是纯粹的随机型,网上分享的那些过关技巧没有实际意义,概率和运气才是过关的决定性因素。

我们来回顾一下这款游戏:先是充分利用外部触发、社交互动,让玩家们主动选择尝试;简单至极的第 1 关,让玩家们即时收获了积极的反馈,也就是自我奖励;若是分享到朋友圈,又进一步收获了社交奖励,同时也对其他用户形成了外部触发。

互联网时代,注意力是稀缺资源,谁都渴望争夺和占有。仅仅是吸引并不够,还要增加黏性。为了吸引用户、增加用户黏性,《羊了个羊》在游戏设置上充分利用了"老虎机效应",玩家们以"消消乐式"简单、熟悉的操作,努力地争取"0.1% 通过率"。随着挑战次数的累积,越重复越让人"念念不忘",以至于"才下手头,又上心头"。

🖉 划重点

所谓老虎机效应,美国著名心理学家佐治·K. 西蒙指出:这是一种心理效应,产生于虐待和操控的关系中,使受害者即使经常想要离开也还是会保持现状。

1895年，查里·费发明了一款带有老虎图案的机器，这个机器的使用方法很简单：把筹码投进投币口，拉动一侧的手柄，老虎机玻璃框中的图案就会快速旋转，当旋转速度逐渐慢下来并趋于停止时，如果出现特定的图形（如3个"9"），机器就会吐出大量的代币。获得奖励的玩家，自然渴望再玩一次；旁边的围观者看到他人获得奖励，也会跃跃欲试。

✐ 划重点

2002年诺贝尔经济学奖获得者丹尼尔·卡尼曼，在展望理论中提出过一个人类决策模型，即迷恋小概率事件。当投入极小、风险巨大时，人们的决策偏好就会发生逆转，从厌恶风险转变成偏好风险。

老虎机最让人着迷的地方在于，机器的顶部配备了一个累计奖金池，如果玩家拉到了一次大奖，奖金池里的所有奖金就都归他所有了。如此，玩家们会产生一种"只用少量的筹码就能获得大奖"的错觉。正是这种错觉，"制造"了一批又一批的赌徒。

看到这里，你可能更加清晰地意识到，我们之所以会对一些行为上瘾，是因为这些瘾品存在强大的黏性。利用各种心理效应的瘾品，让我们不断地重复同一种行为，不断地为某一产品或服务投入时间和精力，从而逐渐养成新的习惯，并形成心理上的认同与依赖。在后续的几个小节中，我们就来详细地聊一聊，是哪些常见的心理效应牵制着我们，使我们一步步落入行为上瘾的旋涡。

差一点就赢了？快醒醒吧

我平常是不太玩游戏的，春节长假期间我下载了一个《植物大战僵尸》，想着没事的时候玩一下。结果，有一天晚上我竟然玩到了凌晨3点！正是那次经历，让我忽然理解了为什么有些人会游戏上瘾。

那天晚上，我连续通过了六七关，感觉自己完全可以"驾驭"这款游戏。要是一直这样顺利通关，我可能再过几关也就停了；要是后面的关太难过，我也可能会放弃。然而，卡住我的那一关，偏偏是不那么难，却又不容易过的，让我一直陷在"就差一点儿"的状态。这

> 份懊恼和不甘心，驱使着我不断地发起挑战，直到眼睛实在酸涩，我才扔下它不玩了。
>
> 躺在床上的那一刻，我已经从游戏的状态中完全抽离，并产生了一种"被套路"的感觉。回过头想想，和游戏"较劲"没有任何意义，只是自己沉浸其中，彻底被游戏的设置操控了。
>
> ——网友 Lucas

在现实生活中，我们总是被"差一点"的想法诱惑，从而选择重复某些行为：

玩游戏时，差一点就过关了，再玩一局；赌博时，差一点就赢了，再压一局；刷视频找手账模板时，差一点就找到自己想要的了，再刷几个看看；买衣服时，差一点就能搭配得更完美了，再买一件……对于这些情形，真的只是"差一点"的问题吗？

英国剑桥大学的卢克·克拉克与同事进行过一项实验研究：参与实验的人员共有40名，研究人员安排他们玩一个简单的老虎机游戏，同时对他们的大脑进行扫描。

实验结果显示：参与者在赢钱时，大脑的愉悦回路被激活；而在出现"差一点就赢"的情形时（研究人员在某些环节操纵了老虎机），参与者大脑的愉悦回路也明显被激活。也就是说，"差一点就赢"和"真的赢"，都会激活多巴胺的分泌，让人体验到愉悦感。

无论是赌徒还是游戏上瘾者，他们一直都在追求赢的目标，假设赢一次次地到来，他们就没有继续下去的意义和价值了。间歇性变量奖赏的魅力，不在于偶尔的获胜，而在于摆脱新近一轮输的体验，这才是激励人们乐此不疲投身其中的最大动力。

许多游戏和赌博体验的设计初衷，就是要通过"差一点就赢"的机制，调动玩家的兴致。比如，你全神贯注、小心谨慎地闯关，一不留神却挂掉了。你很懊恼，也感到遗憾，心想：我差一点就躲开了！我差一点就过关了！你始终觉得自己就是输在了某一个环节上，只要下一次避免在这个环节出错，就一定能赢，一定能过关！

那么，"只差一点"算不算是找到了成功路径，破解了赢钱之法？

2006年，心理学家艾米丽·巴尔赛提和戴夫·杜宁做了一个实验：

来自康奈尔大学的一群本科生，被邀请参加"果汁口味测试"的活动。实验员告诉他们，有些人会喝到鲜榨的橙汁，有些人会喝到黏稠的、略带臭味的绿色糊糊，至于谁会喝到什么，都是由计算机随机分配的。

实验员将学生随机分成两组，先告诉 A 组学生：如果计算机显示的图像是数字，分到的就是橙汁；如果计算机显示的图像是字母，分到的就是绿色糊糊。B 组学生听到的恰恰相反，字母代表的是橙汁，数字代表的是绿色糊糊。

```
B组学生被告知的情形                    A组学生被告知的情形
数字→绿色糊糊      你会喝到什么？      数字→橙汁
字母→橙汁                              字母→绿色糊糊
```

学生们坐在计算机旁边等候着，就像坐在老虎机跟前等待着输赢结果的赌徒。几秒钟之后，屏幕上出现了一个图像。按照常理，答案揭晓的时刻，就是宣布输赢的时刻，应该是 50% 的人欢喜，50% 的人失落，对吗？毕竟，胜负只能占一个。可是，当这个图像出现后，86% 的学生都欢呼起来，这是怎么回事呢？原因，就出在图像上。

乍一看，这图案既像数字 13，又像字母 B；仔细看，既不是数字 13，也不是字母 B！

学生们都渴望看到自己希望看到的东西，大脑就把这个模棱两可的字符按照他们的意愿做了阐释。对于想看到数字的 A 组学生来说，屏幕上出现的是 13；对于想看到字母的 B 组学生来说，屏幕上出现的则是 B，这种现象叫作"带动机的感知"。

🖉 划重点

带动机的感知与行为上瘾紧密相关，因为它把输伪装成了赢，塑造了大脑对负面反馈的看法。大脑对"赢"和"差一点就赢"都会作出积极的强反馈，当它把输和失败曲解为"差一点就赢"时，就会强迫性地想要再来一次。

看到这里，相信你已经了解，"差一点就赢"是大脑产生的非理性信念，是大脑对输和失败的错误解读。一旦大脑相信了这一点，就会把所有精力都集中在"赢"的执念上，在"差一点就赢"和"再来一次"之间循环往复，这是行为上瘾的重要机制。

投入得越多，越难以割舍

"吸血游戏"的设计目的，就是滥用人类大脑的接线方式。许多"吸血游戏"使用了所谓的"能量系统"，你可以玩 5 分钟游戏，接着便人为地无事可做了。游戏会在几小时之后给你发送一条信息，你才可以再次开始玩。游戏设计师意识到，玩家愿意花 1 美元来缩短等待时间，或是等几小时休息时间过后，提高游戏化身的能量值。

——《屋顶狂奔》游戏设计师亚当·索尔茨曼

说起游戏界的设计大咖，就不得不提宫本茂。

20 世纪 80 年代初，宫本茂加入了任天堂公司。当时，任天堂拓展进入电子游戏行业，处境十分艰难，数千款游戏都卖不出，总工程师邀请宫本茂设计一款新游戏，希望他能扭转公司的命运。果然，宫本茂身手不凡，一出手就设计出了超级 IP "马里奥"。

直至今日，"马里奥"的形象仍然被许多人喜爱，它也承载着许多人的童年回忆。当年，这款游戏一经推出，就吸引了大量的玩家，因为这款游戏真的是太容易上手了。你根本用不着思考该怎么操作，因为屏幕是空白的，而马里奥出现在屏幕的最左侧，随意按下游戏机的按钮，就能看到马里奥的反应，知道怎样能让他向前移动或是跳跃，一边玩一边学，通过实践获得经验的感觉，让玩家们乐此不疲。

作为游戏设计师，宫本茂是绝对出色的，他深谙如何设计出让人停不下来的电子游戏，也比任何人都清楚让人上瘾的游戏机制，但他坚守着游戏设计伦理。在设计《超级马里奥兄弟》的时候，他的初衷并不是让人上瘾。他说："不是要制作受欢迎的东西来卖，而是要热爱一样东西，制作出设计师也喜欢的东西来，这是我们设计游戏时应当具备的核心感觉。"

设计游戏是为了好玩，还是为了诱惑、操纵玩家以实现"吸血"的目的，很大程度上取决于设计师的意图。如今的游戏市场鱼龙混杂，我们要特别警惕那些"吸血"机制。那些游戏在入门的简单程度上和《超级马里奥兄弟》一样，但它们通常隐藏着潜在的收费。

> 刚开始玩游戏时，我没花什么钱，就是按部就班地执行任务，打怪升级。渐渐地，任务难度加大了，怪兽也更难打了，升级变得越来越难，而且动不动就被一些高级玩家灭掉了。我记得特别清楚，有一天晚上，连续

> 三个高级玩家"虐"我这只"菜鸟",没什么理由,就是看我级别低。气不过的我,直接充了VIP,获得了一系列的特权和礼包。
>
> 　　自那以后,我就踏上了付费之路。每次充值,我并没有觉得自己是在"花钱",反而觉得是在"投资",投资更高权益的等级池,不久之后就可以获益,变得更强。我没有具体算过在游戏上到底投了多少钱,估计要上万了吧!现在让我放弃不玩,我觉得很可惜。
>
> ——游戏成瘾者"无敌千千"

游戏中的VIP设计,就是为了让玩家感受到花钱可以获得权益的提升,可以让执行任务变得简单,体验到"瞬间强大"的满足感和愉悦感。这背后的心理机制,就是利用玩家投入沉没成本产生心理预期,将一个纯粹的消费行为视为"投资行为"。

🖋 划重点

　　经济学中将一些已经发生、不可回收的支出,如时间、金钱、精力,称为沉没成本。沉没成本并不是成本,而是一种心理预期。

当你为了一款游戏投入了上万元的金钱、三四年的时间，换得了最高级别的荣誉，积攒了一大堆精良的游戏装备，让你彻底放弃不玩，你可能也会像"无敌千千"一样觉得很可惜。毕竟不玩的话，就意味着过去的一切投入全都打水漂了！这种对沉没成本的恋恋不舍，是禀赋效应和损失厌恶心理在发挥作用。

划重点

禀赋效应，是 2017 年诺贝尔经济学奖得主、美国芝加哥大学教授理查德·塞勒提出的一种认知偏差，即一个人拥有某样东西，对该物品价值的评价，会比未拥有时高得多；如果对这样东西有所投入，对它的评估价值会更高。

为什么一旦拥有了某样东西，就会高估它的价值呢？因为人们一旦拥有，物品就成了自我的一部分，对物品的态度就成了对自我的态度。人们最不擅长的事情，就是否定自我。如果对自己拥有的某样物品进行消极评价，就意味着对自我的否定。

划重点

心理学家丹尼尔·卡曼尼和阿莫斯·特沃斯基经过研

究证实，损失与收益对人造成的心理影响是不一样的。人们面对同样数量的收益和损失时，认为损失更难以忍受，这反映了人们对损失与获得的敏感程度不对称，面对损失的痛苦感远远大于面对获得的快乐感。

在正式完成一项"任务"之前，我们都会投入成本，如果没有得到好的结果，之前的一切就等于白费了。我们常常会因对沉没成本感到惋惜和眷恋，而选择继续原来的错误，不料却陷入更深的坑洞，损失得更多。

诺贝尔经济学奖得主、美国经济学家斯蒂格利茨曾经做过一个比喻："假如你花费7美元买了一张电影票，你会怀疑这部电影是否值7美元。看了半小时后，你最担心的事得到了证实：影片糟糕透了。此时，你应该离开影院吗？在做这个决定时，你应当忽略那7美元，它是沉没成本，无论你离开影院与否，钱都不能收回。"

斯蒂格利茨用了一个非常简单的例子，告诉我们什么是沉没成本。同时，他也指明了对待沉没成本当持有的态度：果断地抛弃它，带着痛苦转身。从沉没成本中抽身而退，才能拥有新的开始，而不是在继续投入的沼泽里苦苦挣扎。

心流是一种令人上瘾的体验

> 迷失的灵魂和在忘我之境里的其他灵魂并没有什么不同。忘我之境当然是令人愉快的所在,但当这种愉快进一步变成人的一种困扰时,人就会与真实生活脱节。
>
> ——月之风·电影《心灵奇旅》

皮克斯动画电影《心灵奇旅》是第一部用视觉方式描绘"心流状态"的电影。影片中提到的"忘我之境"是一个物质与精神之间的空间,当地球上的人进入心流状态时,就会抵达这个地方。

划重点

所谓心流,是积极心理学奠基人米哈里·契克森米哈赖提出的一个心理学概念,指的是我们在做某件事情时,那种投入忘我的状态。

关于心流状态,米哈里这样描述:"你感觉自己完完全全在为这件事情本身而努力,就连自身也都因此显得很遥远。时光飞逝，你觉得自己的每一个动作、想法都如行云流水一般发生、发展。你觉得自己全神贯注，所有的能力被发挥到极致。"

米哈里把人们对于心流的感受进行了归纳，指出7个明显的特征。

特征1：完全沉浸，全神贯注于自己正在做的事情。

特征2：感到喜悦，脱离日常现实，感受到喜悦的状态。

特征3：内心清晰，知道接下来该做什么，怎样把它做得更好。

特征4：力所能及，自己的技术和能力与所做的事情完全匹配。

特征5：宁静安详，没有任何私心杂念，进入忘我的境地。

特征6：时光飞逝，感受不到时间的存在，任它不知不觉地流逝。

特征7：内在动力，沉浸在对所做之事的喜爱中，不追问结果。

当我们认真地琢磨一篇策划案，把所有的精力都投注于其中时，我们往往会进入"心流"的状态，感觉时间已经不存在了，周围也安静极了，眼睛紧紧地盯着屏幕，手指在键盘上舞蹈，唯一看到的就是跃然在文档上的一行行字迹。整个过程是很流畅的，不会走神、不会停顿，完全是一气呵成。等整件事情完成后，深呼一口气，内心满满的成就感。

是不是只有认真做事时，才能够进入心流状态呢？不尽然。

影片《心灵奇旅》讲到，"忘我之境"中不仅有处于"心流"状态的人，也有那些巨大的、黑暗的、暴躁的心理阴影，那些被称为"迷失的灵魂"的人。当他们说话时，很容易听出来他们情绪沮丧，他们的行为表明，他们其实已经放弃了生活。

有没有发现，"迷失的灵魂"与行为上瘾时的状态如出一辙？当我们沉浸在刷手机、逛购物网站、打游戏时，完全感受不到时间的流逝，注意力完全被瘾品占据了，待回过神来时，往往已经半小时、一小时过去了。可以说，心流状态是上瘾体验的必要成分。

为什么令人上瘾的产品，很容易将人带入"忘我之境"呢？

✏️ 划重点

要进入心流状态，需要满足三个前提条件：目标清晰、即时反馈、挑战与技能相匹配。

以游戏来说，每一关都有特定的任务，这就是具体而明确的目标，让玩家清楚地知道该做什么。每完成一个步骤或一项任务，系统都会即时给出反馈，告知结果是输是赢，会得到怎样的奖励。然而，仅仅有这些还不行，上瘾体验还需要融入一点艰辛感,让挑战与技能相匹配。要是少了它,每一轮新胜利带来的战栗感就会逐渐消失。

📝 划重点

当我们的能力不足以完成一项任务时,就会感到焦虑;当我们的能力远超于任务所需时,就会感到无聊;当我们的能力与任务难度刚好匹配时,就有可能产生心流。心理学研究显示,任务难度高出能力4%,是进入心流状态的最佳点。

神经科学家罗伯特·萨波尔斯基说过:"未知比任何东西都要让人上瘾,更容易让人达到心流。"当挑战略超过能力范围(4%几乎是难以觉察到的差别),我们无法确定接下来会发生什么,因此会更加专注。这种未知会促使大脑分泌多巴胺,产生兴奋感和愉悦感。

许多令人着迷的游戏,如《愤怒的小鸟》《植物大战僵尸》《水果忍者》《糖果传奇》《俄罗斯方块》等,都是通过逐渐升级的挑战,营造一种艰辛感,让玩家获得更刺激的体验。

《俄罗斯方块》是我小时候就在玩的游戏,如今已经

> 过去了二十几年，我还是很喜欢玩。游戏开始时很容易，出现的形状也比较规律。随着游戏时间的推移，方块下落的速度会一点点加快，你也要一点点适应新的速度，在游戏技能上获得提升。虽然最后肯定会输掉游戏，可它让我觉得，只要继续玩下去，我的水平就能不断提高，游戏纪录也会不断被突破。
>
> ——《俄罗斯方块》游戏爱好者 TOTO

✏️ 划重点

心流的体验是美妙的，会让人忘记时间、抛却杂念，完完全全地沉浸于当下。在工作和学习时进入心流状态，就进入了"忘我之境"；沉浸在瘾品带来的心流状态中，就成了"迷失的灵魂"。两者最大的区别在于，当心流状态结束的那一刻，从事有意义之事带来的是充实感与满足感，而行为上瘾带来的是无尽的空虚与悔恨。

马可·奥勒留在《沉思录》中说过，如果你自己对接受什么不加选择，那么别人就会替你选择，而他们的动机未必高尚。不知不觉地堕落到低俗的行列，这是世界上最容易出现的事情。从本质上来说，心流就是一种工具，它可以成就你，也可以毁掉你。愿我们都能把心流用在有价值的地方，而不是放纵地"过把瘾"，沦为心流的奴隶。

未完成的悬念是一剂瘾药

> 下班之后，刷短视频就成了我的娱乐消遣，或者说是一种习惯吧！其实，有时我也挺烦的，原本想着刷一会儿放松下，无奈一条接一条，一刷就是一晚上。
> ——爱刷短视频的嘟嘟

打开短视频软件，手指轻轻向上一滑，就能收获 15 秒的即时快乐。这种感觉就跟"嗑瓜子"一样，不知不觉就能刷上一两个小时。为什么短视频总是让人欲罢不能呢？

刷短视频容易令人上瘾，与它的算法推荐机制密切相关。它会根据用户过去浏览的数据精准推送其喜欢的内容，以此让用户接连不断地刷下去。在这个过程中，负责投射过去和未来的内侧颞叶子系统的活跃度会降低，处理当下觉知的背内侧前额叶皮质子系统的活跃度会升高，人们关于过去和未来的思维活动被抑制，注意力完全停驻在当下。

相比文字，短视频的动态画面与音乐相结合的形式，更符合大脑的懒惰天性。一段接一段的精彩视频，不断地刺激多巴胺的分泌，让人看得停不下来。不仅如此，短视频的代入感很强，人们在刷短视频时可以获得一些情绪安慰或情绪释放的机会，觉得自己好像在这个过程中获得了放松。实际上，这只是假性的放松，其本质是对大脑的刺激。

你可能也思考过：为什么短视频的时长限制是 15 秒，这样设置有什么科学依据吗？

✏️ 划重点

> 工程心理学是心理学的分支学科，主要研究人与机器、环境相互作用下人的心理活动及其规律。从这一角度来分析，15 秒是大部分人注意力最集中的时长，再长的话，注意力的聚焦度就会下降。15 秒的时间，刚好让人形成片刻的印象，如果对内容感兴趣，就会产生强烈的渴望，想要再看一遍，或是再看一条。

一个接一个的 15 秒，创造了一个虚拟舒适的空间，无形中消磨了看似零碎的时间。不过，15 秒的时间不长，通常无法完整地呈现出一段音乐，也不能完全地展现视频中的内容、故事和情节。这就很容易造成一种情形，正看到兴头上，短视频却戛然而止了。

> 我刷到了一部电视剧的短视频，截取的内容恰巧是一段激烈的冲突，只可惜15秒很快就过去了，意犹未尽的感觉瞬间涌现，留给我的是一个"？"。我满脑子都在想，这段故事究竟会怎样发展？未知的悬念犹如一剂勾魂药，让我忍不住翻看了"下一集"，试图弄清真相。要是不这样做，我心里就像是被种了草，奇痒难耐。
>
> ——刷短视频上瘾的 Spring

其实，这是短视频提升用户黏性的一种策略，它利用的是心理学上的"蔡加尼克效应"。

心理学家蔡加尼克曾经进行过一项记忆实验：受试者需要根据指示完成22项简单任务。A组受试者在没有任何打扰的情况下顺利完成所有任务；B组受试者在执行任务过程中，会遭到不规律的打断，从而无法完成所有任务。

实验结束后，两组受试者被邀请回忆并叙述刚才的任务，结果显示：B组平均可回忆任务中68%的内容，A组则只能回忆 43%。另外，在 B 组受试者回忆起的任务中，"未完成的任务项目"比"已完成的任务项目"多出 5 倍！

✏️ 划重点

> 蔡加尼克通过实验指出，人类天生就有把事情做完，让需求得到完全满足的倾向。没有完成的事件，未能满足的需求，会留存在记忆中久久不能搁下，比已完成的事情令人印象更加深刻，更加"耿耿于怀"。

了解了蔡加尼克效应，再结合生活中常见的情形，我们不难发现：不只是短视频利用了蔡加尼克效应，吸引着人们不停地刷下去；网络连载小说、故事情节惊心动魄的网剧、各类电子游戏，之所以让人"放不下"，也是这一效应在作怪。

> 这些游戏大都是围绕悬疑案展开的，营造了一系列的世界观和故事氛围。玩游戏的时候，我完全忘了这些都是虚构的，彻底被带入了故事情境中，仿佛自己就是一个不断发现线索、不断破解谜团的侦探。故事的情节

> 设计，以及对谜底和真相的好奇，让我对它着迷。
>
> ——沉迷解密游戏的"花生"

行为上瘾与蔡加尼克效应有密切关系。正因为这一效应的存在，"停下"已经开始或正在进行的事情才格外艰难。但是，我们必须认清楚一个事实，这一效应打开的仅仅是"心理上的缺口"，让我们产生想要去填补缺口的冲动。若不想被网剧牵制、不想被悬念绑架，可以试着在下一步行动时按下"暂停键"，问问自己：我是不是被"套路"了？

辑 05

自我关怀
看见未被关注过的痛苦

上瘾的背后是未疗愈的创伤

> 很多人离开戒毒所时，毒瘾已经没有了，之后的几年也没有复吸。可是，随着时间的推移，一旦发生了意外变故，尤其是情感挫折，往往又会走上复吸的道路。
>
> ——某强制隔离戒毒所队长 H

你在什么样的情况下，最渴望吸烟或暴食高热量的食物？

你在什么样的状态下，最容易疯狂购物或是疯狂打游戏？

答案，似乎总是和困倦、疲乏、烦躁、焦虑、空虚等负性体验有关。事实上，心理的痛苦正是上瘾的根源，科学家也已经通过实验证实了这一点。

1977年，西蒙弗雷泽大学的布鲁斯·亚历山大教授与同事开展了一项研究，试图了解社交环境对大鼠的影响。他们定制了一个 2.7 平方米的笼子，为大鼠打造了一个超级乐园，里面有宽敞的娱乐空间，有画着森林场景的墙壁，还有可以筑巢的小洞孔，以及美味的食物和水，当然还有一大群同类伙伴。

一切就绪后,他们开始对生活在超级乐园里的大鼠和单独生活在普通笼子里的大鼠进行对比。在实验过程中,研究人员给两组大鼠都提供了加入甜味剂的吗啡水(防止大鼠因为吗啡的苦味而回避饮用),也给大鼠准备了普通的水。

实验显示:单独关在笼子里的大鼠会舔舐吗啡水,而在超级乐园里的大鼠大都不会去碰吗啡水。在其他条件相同的情况下,与有宽敞空间和同类陪伴的大鼠相比,单独生活在普通笼子里的大鼠会多饮用19倍的吗啡水!

关注成瘾和药物依赖的美国科普作家迈雅·萨拉维茨认为,上瘾是关于人与体验的关系。不停地吸食毒品或重复某种行为,可以产生身体上的依赖性和戒断反应,但这样做还不够,当事人必须认识到,该体验是治疗自己心理痛苦的可行途径,才会真的成瘾。

划重点

如果有选择,不管是大鼠还是人类,都不愿意惹上成瘾的麻烦。人们之所以对某种行为上瘾,往往是有某种强烈的痛苦或情绪无法面对,而当时所能想到的最好办法就是通过这一行为获得短暂的缓解。这样做的确舒服了,可只要痛苦还在,就很难摆脱上瘾。

曾有过严重的海洛因瘾的吉他手 Richards 说："我们经历这所有的扭曲，都只不过是为了有几个小时可以不做自己。"加拿大著名成瘾治疗专家加博尔·马泰也指出，大量行为上瘾的患者曾表示，他们这么做是为了逃避心理上的痛苦或创伤。

成瘾者通常会把上瘾行为作为处理问题的万能钥匙，不管在生活中遇到什么问题，都会习惯性地用上瘾行为来应对。以酗酒者为例，感到快乐时用酒来助兴，感到烦恼时用酒来消愁，感到空虚时用酒来充实自己，感到自卑时用酒来提升自信。因此，一个酗酒者能否从酒精成瘾中走出来，取决于他能否打破"酒能解决所有问题"的思维模式，选择用其他相对健康的方式解决自己的心理困惑。

在大鼠的实验中，比起生活在超级乐园里的大鼠，单独被关在笼子里的大鼠更容易成瘾。这是因为，大鼠是一种群居性很强的动物，将其单独囚禁必然会影响其精神状态，在没有逃脱希望和其他娱乐的情况下，成瘾品吗啡水就展现出了强大的影响力。

人类在成瘾的问题上也是一样，成瘾者在生活中经常要背负"污名化"的标签，遭到周围人的排斥与歧视，陷入孤独无助的状态中。由于缺少亲密关系和社会性支持，成瘾者往往会自暴自弃，认为自己无可救药，从而用成瘾品来满足对关系的需求。如果成瘾者在现实世界可以获得稳固的亲密关系，被接纳、理解和关爱，对戒瘾会产生巨大的促进作用。

为理想化自我买单的"购物狂"

> 最近几年，我不仅在"618"和"双11"会疯狂购物，平时也会产生强烈的购买欲，购物车永远都是满满的，单是同一类的鞋子就会选十几双。今年的"女神节"，我"抢"了几十袋大米，每袋10公斤，远远超过了家里的正常需求量……我很享受挑选物品的过程，特别是碰到打折促销的物品，会通宵奋战，无法自控地下单。
>
> 到了第二天，兴奋的感觉已经全部消退，我会很后悔并且痛恨自己的这种行为。可是，过不了多久，我就又会犯同样的问题，无视家里堆积如山的物品，继续疯狂刷单，仿佛落入了一种恶性循环之中。我知道这样不对劲儿，可我像是上了瘾，控制不了。
>
> ——购物成瘾障碍者"橙子"

大脑的奖赏系统是一个复杂又有趣的生理机制。如果购物行为给购物者带来了愉悦和享受，当购物者想要再体验这种感觉时，又会做出同样的行为来获得满足。从购物的动机层面来说，有人是出于实际需要，有人是渴望锦上添花，也有人是因为上瘾。

划重点

心理学上有一种疾病叫作"购物成瘾障碍"，它不是短时的购物冲动，而是一种相对长久的疯狂购买行为，具体表现为：对购物行为存在强烈的渴望，购物后产生短暂的兴奋感和愉悦感，之后又感到自责却难以控制，引起情绪痛苦、负债或家庭问题。

从心理学角度分析，购物可分为三种程度：正常购物、过度购物和购物成瘾。

多数人的购物行为都是正常购物，偶尔出现冲动消费或超出预算的情况。

过度购物介于正常购物与购物成瘾之间，是指购买的商品数量超出预期，或是消费金额超出预算，且反复出现这种行为，但并不影响日常生活，也没有对自身造成明显的困扰。简单来说，过度购物者喜欢的是商品，就像许多爱美的女孩子喜欢漂亮衣服一样。

如果购物者从喜欢商品转变为喜欢购物的感觉，不买觉得难受，买了又懊悔自责，却又无法控制购物的行为，为了这件事情浪费了大量的时间、精力和金钱，就可能是购物成瘾了。

挪威卑尔根大学的心理研究员曾就购物成瘾制订了一个独特的量表，即卑尔根购物成瘾量表，提供了7项基本准则。如果你想知道自己的购物行为有没有达到上瘾的程度，不妨参考一下这个量表。如果在7个项目中，符合4项及以上，就要警惕购物成瘾了。

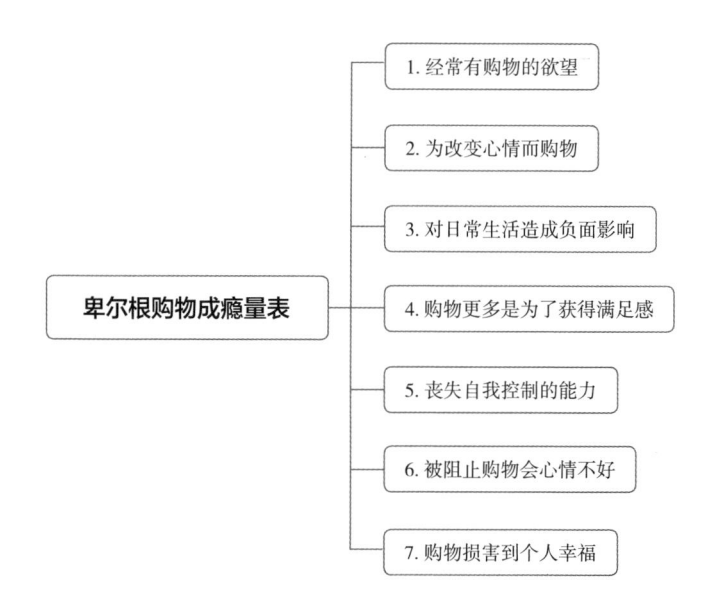

卑尔根购物成瘾量表

1. 经常有购物的欲望
2. 为改变心情而购物
3. 对日常生活造成负面影响
4. 购物更多是为了获得满足感
5. 丧失自我控制的能力
6. 被阻止购物会心情不好
7. 购物损害到个人幸福

过去很多年里，人们认为购物成瘾仅仅存在于发达国家，实际上它在全球范围内都有发生，与经济能力没有必然的因果关系。那么，人为什么会痴迷于"买买买"呢？

> 当我购物的时候，全世界都变得更美好了！望着商店的橱窗，我仿佛看到了另一个世界，一个充满完美商品的梦幻世界，能让一个女孩子拥有一切的世界。在那个世界里，每个女人都很美，她们像公主和仙女一样。
>
> ——丽贝卡·电影《一个购物狂的自白》

每个人的心里或多或少都有一些难以启齿的痛楚，以及不容易和解的问题。每一个行为上瘾者都有特殊的经历和心理症结，而上面这一段经典独白，戳中了不少人的软肋。

丽贝卡总是无法自控地购买名牌产品，这与她年少时的经历有关。

小时候的丽贝卡，总是穿着妈妈买来的款式老旧、颜色灰暗的廉价鞋子，而其他孩子穿的鞋子则是原价购买的高端货，款式漂亮，穿上它们就能成为人群中闪亮的焦点。为此，丽贝卡总是遭到其他孩子的嘲笑，这让她内心深处产生了强烈的自卑感与匮乏感。

成年后的丽贝卡，疯狂地购买名牌衣物，她认为这些东西可以换得别人的欣赏与认可，比如街头的帅气男生会对她微笑。这种积极的反馈给丽贝卡带来了愉悦感与满足感。

购物成瘾的丽贝卡，虽然在年龄上已经成年，可她的内心深处仍然是一个害怕被嘲笑、被轻视的小女孩。她疯狂地买东西，购买的并不是物品本身，而是借由物品来塑造一个理想化的自我，弥补内在小孩的低自我价值感。

🖉 划重点

心理学家卡伦·霍妮提出过一个理论：当儿童担心自己不被父母或他人认可时，就会产生强烈的焦虑与不安。于是，他们会在幻想中创造出一个他们认为的、父母喜欢的"自我"，来缓解这种焦虑。通常情况下，这个假想的自我是完美的，优秀、聪慧、美丽、懂事。然后，他们会极力地维持幻想中的形象，害怕别人看到幻想背后真实的自己。

丽贝卡认为自己眼睛太小了，发型看起来不够高贵，自身缺少魅力。刚好，那些名牌物品给她提供了一个实现"理想化自我"的机会，让她认为一旦拥有了那些东西，就可以触及彼岸，变成自己想象中的样子。

当人们感觉自我良好的时候，大脑的愉悦回路会被激活，释放出多巴胺，这是自我奖赏的生理基础。社会心理学家罗伯特·维克隆德和谢利·杜瓦尔通过实验发现，人们总是会把自己"真实的样子"与"可能或应该的样子"进行比较，也就是把"现实的自我"与"理想化的自我"相比较，从而将自己的行为朝着理想的样子调整。

每个人都被自我情感所困，都有一个理想化自我。很多时候，我们对理想化自我的爱，远远超过对真实自我的爱。更糟糕的是，这种对理想化自我的爱，有时建立在伤害真实自我的基础上，比如：网购成瘾者欠下高额的贷款，毁了正常的生活；沉迷社交媒体者，煞费苦心地经营着"人设"……

这样的事情几乎每天都在发生，其本质都是为了呈现出一个理想化的自我。可悲的是，越沉迷于理想化的自我，越难以面对真实的自我。在理想化自我与真实自我之间痛苦挣扎，在自我欣赏和自我歧视之间左右徘徊，既迷茫又困惑，找不到停靠的岸。

接纳真实的、不够好的自己

"我买意大利名牌西装和手表,是因为我在内心深处认为自己是一个纽约的乡下人。我穿着意大利名牌西装,这样人们就会认为我很重要。谁会浪费时间陪伴对自己没有用的人呢?如果有这些东西,我就不再那么微不足道。我这么努力地工作,塑造自己的形象,穿得这么体面,就是希望自己成为另外一个人……我怕别人不是真的喜欢我。"

——斯图·电影《狙击电话亭》

伦敦大学学院的人类学教授丹尼尔·米勒,在与他人合著的一书中提到:"购物是一种获取某些商品的经济活动,它也是维护社会关系的一种投资……"

在米勒看来,人们花钱购买高档的服装,正是希望在他人面前获得或者保持某种理想的身份,渴望成为理想化的自我,不愿意面对真实的自己,因为真实意味着有好有坏。承认并接纳自身的局限与不足,并不是一件容易的事,更不是谁都可以做到的。

成瘾是借助某种物质或行为习惯,掩盖和逃避自己无法忍受的负面情绪。这种负面情绪可能来自出身低微、家境不好、长相普通、自我价值感低、不符合某种规范等。

实际上,无论是家庭出身、成长经历,还是容貌长相,都只是客观存在的事实,本身并不是什么问题,可一旦它们跟自我联系在一起,就会严重影响人的行为和感受。

划重点

社会学家查尔斯·库利率先提出"镜中我"的概念,即个体把别人当作镜子来进行自我感知。之后,心理学家乔治·赫伯特·米德精简了这一观点,指出与自我概念有关的,并不是别人实际上如何评价自己,而是我们觉得别人会如何评价自己。

有很多年,我不想在别人面前提起自己在布鲁克林长大这件事。我不想撒谎,只是不想谈论这个话题,因为我感觉那不是一件光彩的事情。然而,无论我怎样否认和掩盖这一事实,早年的那些生活情景还是在我脑海里留下了难以磨灭的印记,我可能永远也没办法忘记它。

> 但是，我一直不愿意面对自己的这段过去。
>
> ——"星巴克之父"舒尔茨

布鲁克林区以前是纽约市的"贫民窟"，那里的治安情况很糟糕。舒尔茨是在那里长大的，他害怕别人知道这一点，继而给自己贴上负面的标签。所以，他一直隐藏这个秘密，并努力成为一个成功的人，以此来逃避卑微的出身。

每个人都有不想面对的"阴影"，也都有一个或卑微，或孤独，或渺小，或脆弱的内在自我，只是程度不同而已。这并不是一件纯粹的坏事，心理学家阿德勒在《自卑与超越》中指出："每个人都有不同的自卑感，因为我们都发现，我们自己所处的地位是我们希望加以改进的。"

✎ 划重点

适度的自卑是趋向优越的原动力。追寻自卑的本源，发现造成自己误读的影响因素，并修正自己对它们的看法，就可以获得成长与发展。一直抗拒真实的自我，逃避自身的局限，渴望成为完美的、持续美好的自我，反而会形成一种负强化。

> 父亲常年酗酒，喝多了就撒酒疯与母亲吵架。从我记事时起，这一幕就刻在了我的脑子里。父亲酒后失态的样子，让我产生了一个信念：喝酒不是好事，喝醉酒是可耻的行为。
>
> 我一直告诫自己不要喝酒，但每次遇到烦心事时，总是忍不住借酒浇愁。要是不小心喝多了，还会与人喋喋不休。酒醒过后，我就像落入深渊一样，备受自责与悔恨的煎熬，在心里大骂自己没出息，一连几天都会情绪低落。
>
> 明明很厌恶父亲酗酒，自己却无法摆脱酒精的诱惑，这感觉糟透了！每次都发誓说以后再也不喝了，可是这么多年过去了，我依然在重复着"借酒浇愁"的模式，简直无药可救。
>
> ——习惯借酒浇愁的小C

为什么小C无法摆脱酒精的诱惑，总是在负面情绪来袭时选择借酒浇愁？

美国哈佛大学博士、研究美国戒酒协会的第一人厄尼斯特·科兹，在其著作《承认不完美，心灵才自由》中指出："人不能背叛自己。"这个观点恰恰就是上述问题的答案。

科兹提到,以前酒徒们戒酒难于上青天,不管是吃药还是心理咨询,或是求助于宗教,都无法让他们彻底告别酒坛。但是,戒酒协会创造了奇迹,不用药物,不用心理咨询,不通过宗教,只是让酒徒们参加聚会,讲自己的故事,听别人的故事,就让他们重获了新生。

酒徒们在聚会上,经常会说这样两句台词——

我是一个酒鬼,我不完美,我承认自己对酒精毫无办法,我很无能、很无助,我需要帮助!

你不完美,我不完美,他不完美,我们每个人都不完美,不过没关系,真的没关系!

戒酒协会就是用这样的办法,让很多酒徒告别了酒精。它的独特之处,就是让酒徒们承认自己的不完美,放弃头脑中那个虚幻的自我,重获心灵上的自由。

小C之所以那么纠结和痛苦,正是因为他的脑海中有一个理想化自我,这个幻象是完美的,是可以完全掌控自己的,是可以抗拒酒精诱惑的,是与常年酗酒的父亲不一样的。

可现实又是怎样的呢?他在遇到挫折时,也会借酒浇愁!这个真实的自我,与他想象中的完美自我有着巨大的落差,这个落差撕裂了他的心灵,让他痛不欲生。换句话说,正是对理想化自我的追寻，才让小 C 掉进了痛苦的陷阱。

多数人对于自己内心的"阴影"会感到恐惧，偶然接触到这些阴影的时候，第一反应就是逃避，想与之划清界限。可是，当意志力稍微松懈一点，它们又会从潜意识里冒出来。为了压抑它们，付出了巨大的精力，而这种付出毫无意义。相比逃避、否认和压抑，承认和接纳更有帮助。这种接纳，建立在平静对待自己的每一项特质上，既不刻意彰显，也不刻意隐藏。你可以将那些瑕疵和缺陷视为整体的一部分，用善意和宽容来对待。

划重点

> 人性之中那些丑陋的，让我们不舒服的，甚至是罪恶的东西，就深深地植在我们的生命之中，甩不脱，也杀不死，因为那就是人的一部分。但是，让我们的生活变得糟糕的，并不是人性中这些丑陋的东西，而是我们对丑陋的不接纳，并且在不接纳的同时，又没有办法根除它们。当我们承认了不完美是常态，接纳了那个有缺陷的自己，心灵就自由了。

当你又开始为某些阴影纠结时，试着在心里默念："你不完美，我不完美，他不完美，我们每个人都不完美，不过没关系。"只有接纳了内心的阴影，才能够得到它的馈赠，这就是荣格说的"金子总是隐藏在暗处"。

痛苦不会因为吃一顿而消失

> 昨天晚上,我感觉心烦意乱、坐立不安,我不知道自己是怎么了,也不确定是因为什么。我想起厨房里剩下的那一盘水饺,觉得它会让我感觉好一些,然后我就直奔那盘水饺去了……吃的时候觉得挺开心的,也喜欢水饺的味道,想着能吃自己喜欢的食物是一件挺幸福的事。可是,吃完之后,我才意识到自己吃多了,胃有点儿撑,不太舒服。就在那一瞬间,享受水饺的快乐全都不见了,我的头皮忽地一下像是冒了汗,想到了这盘水饺的热量,想到了已经失控的体重,以及肥胖引发各种慢性病的概率……心烦意乱的感觉,似乎又回来了。
>
> ——食物上瘾者美琪

科学家经实验研究证实,人在摄入高糖高碳水类食物后,大脑中的部分区域会变得非常活跃,而这部分区域与可卡因、海洛因、酒精、香烟刺激的区域类似。也就是说,高糖高碳水类食物可能会引起上瘾。

从某种程度上讲,食物上瘾与其他的行为上瘾在形成机制上是一样的。许多人认为，是瘾品本身刺激了大脑分泌多巴胺，所以让人成瘾的是物质本身。实际上，真相并非如此。

划重点

> 成瘾的背后，不只是一种简单的欲望或者物质需求，更可能是一种情感需求。人类会对很多东西上瘾，但真正让人上瘾的并不是物质本身，而是成瘾带来的感受和经历。

> 一直以来，我都是依靠进食缓解压力，压力越大，我就越想吃高油高糖类的食物。明知道这样做对身体有危害，可我控制不了。当我还是一个小女孩时，我经常遭到惩罚和虐待。每次不听话、不认真写作业或是做错事时，父母就会惩罚我。惩罚的方式就是不允许我吃饭，或是逼着我吃类似被水泡过的面包那样的糟糕食物。
>
> 在很长的一个人生阶段里，吃饭对我来说就是一种惩罚。或许就是因为这个原因，让我对食物滋生了强烈的渴望和依赖。从15岁开始，每当我遇到压力和沮丧的事情时，我就会用狠狠吃一顿的方式来"化解"，且会首选那些不健康的食物。

> 这种行为模式持续了很多年，即使后来我结婚生子，有了自己的家庭，过上了幸福的生活。每当我觉得心情不好时，我还是会径直地走向厨房寻找食物，借此发泄情绪。
>
> ——艾莉森·BBC纪录片《完美饮食》案主

对食物上瘾的人，大都有过和艾莉森一样的体验，心情不好就想吃一顿，靠高热量的食物换得放松与欢愉。吃过之后，又会产生强烈的内疚感，因为知道这么做不利于健康，可下一次心情不好时，又会把注意力转向高糖高碳水类的食物。

高热量的食物会促进胰岛素和多巴胺的释放，但激素带来的变化是短暂的，一旦激素水平下降，就会经历从愉悦到低落的丧失感。为了抵抗这种落差，又会下意识地渴望通过"吃"来再次获得满足。

> 我一直以为，是因为我在童年期遭受的那些惩罚，我对食物产生了过度依赖。可是，当科学家和医生为我进行检查之后，他们给出的诊断结果是——情绪化进食。
>
> ——艾莉森·BBC纪录片《完美饮食》案主

对于食物上瘾的症状,从心理学和医学的角度分析,用情绪化进食来描述更为专业。美国资深临床心理学家珍妮弗·泰兹认为,情绪化进食往往存在以下表现:

1. 在身体并未感到饥饿或是已经吃饱的时候吃零食。
2. 在吃了足够的健康食物后仍然感觉不到满足。
3. 对某种特定的食物充满强烈的渴望。
4. 在嘴巴塞满的时候仍急迫地囤积食物。
5. 在进食的时候感觉到情绪放松。
6. 在经历压力事件的过程中或之后吃东西。
7. 对食物感觉麻木不仁。
8. 独自进食以躲避他人的目光。

划重点

情绪化进食不是因为生理性饥饿,而是一旦产生任何强烈的情绪,不去觉知和体验这种情绪是什么,直接选择用进食来应对心理上的不适感。久而久之,对食物形成了难以控制的依赖。如果这一过程不断被强化,就形成了食物上瘾。

我们都听过这样的调侃:"没有什么烦恼是'吃一顿'解

决不了的,如果解决不了,那就'再吃一顿'。"现在你应该知道,这些话只能当笑谈,不能当真。不与真实的情绪连接,不去感受情绪要传达的讯息,吃再多的食物也无法缓解心理上的匮乏与不安。

没有哪种情绪该被粗暴地对待

> 在工作上,我没有退路;但在吃上,我有主动权。我可以选择吃高热量食物,我可以选择发胖。早上吃芝士三明治,中午吃冰激凌、甜甜圈,晚上吃炸鸡和汉堡。我也怕胖,但我就是要对着干!除了吃,我不知道自己还能怎么做。
>
> ——食物上瘾者汪汪

食物上瘾者不是因为饿而吃,而是为了回避某种消极情绪。实际上,所有的行为上瘾者都存在类似的问题,唯一的区别就是依赖的瘾品不同。

人有趋乐避苦的本能,消极情绪会让人体验到不舒服的感觉,比如:焦虑时会感觉心神不宁,坐立难安;抑郁时会感觉情绪低落，世界都变成了灰色的；恐惧时手心出汗，心跳加速，大脑一片空白……倘若可以选择，没有谁愿意体验这些糟糕的感觉。

不仅如此，回避消极情绪的背后还隐藏着一种错误的假设：消极情绪是不好的，总是频繁地出状况，不只让身心饱受煎熬，还给生活带来了困扰，一定要想办法尽快将它们消除，哪怕是暴食、酗酒、打游戏都无所谓。

消极情绪，真的如此可怕吗？需要用如此粗暴的方式对待吗？

划重点

马克·威廉姆斯在《穿越抑郁的正念之道》中指出："情绪是没有好坏、对错之分的，它是一种面对外部刺激而产生的内在心理过程，它的产生就像我们看到黑板感知到黑色一样自然而然。它在主观体验层面上的细微差别是由我们每个人的独特性所决定的。所以，评价一个人是否应该产生某种情绪，是一件很荒谬的事情，但人们热衷于此。"

从某种意义上来说，选择跟情绪对立，往往是因为对情绪缺少了解。

情绪是人类正常的心理和生理反应，本身不受意愿的控制。碰到危险的刺激时，害怕的生理反应和心理感受瞬间就会冒出来，促使我们有更多的能量产生警觉或逃走；有外人侵犯我们时，怒喝可以吓退敌人或争取到生存的空间。同时，情绪是情感的一部分，正因为有了情绪，才有丰富多彩的情感生活。

照镜子的时候，如果你发现脸上有一块污渍，你会选择擦脸还是擦镜子？这几乎是不需要思考的问题。那些让我们感觉不舒服的消极情绪，其实也是一面反射现实境况的镜子，面对这个有提醒意义的信号，为什么非要把它当成问题，试图消灭它呢？每一种情绪的存在都有其价值和意义，每一个能被感受到的情绪都是一个信使，向我们传递着特别的信息。

划重点

人的感知本身是相似的，但价值观念存在差异，对于是非、对错、好坏，不同的人有不同的看法。面对不同情境和问题时，情绪可以反映出一个人的价值观念。

在相同的情境中，不同的人会产生不同的情绪。面对他人的负面评价，有些人完全不在乎，依旧我行我素；有些人则焦虑不安，试图用讨好的方式让别人对自己改观。因此，情绪可以传递出一个人应对问题的模式。

马斯洛需要层次理论认为，人有五种基本需求：生理需求、安全需求、爱和归属需求、尊重需求、自我实现需求。无论哪一个层次的需求没有得到满足，人都会产生消极情绪，但不是所有人都能够觉察到情绪背后的需求。

> 我跟领导打招呼，他没理我，脸色很难看。我心里很不安，猜测他是不是对我有意见。整整一上午，我都心神不宁，结果中午就暴食了。后来，我和心理咨询师探讨了这件事，才逐渐意识到，我的内心深处存在低自尊的问题。我渴望获得外界的积极回应，从而感受到自身存在的价值。领导的未理睬，伤了我的自尊心，让我产生了被否定的感觉。我害怕面对这种体验，想摆脱它，于是采用了惯常的处理方式——暴食，为自己换得短暂的安慰。
>
> ——食物上瘾者婧婧

当消极情绪出现时，你可能会忍不住购物、吸烟、暴食、打游戏，试图用这些方式来消除它。结果，你却在不知不觉中又多了一个行为上瘾的习惯。无论之前你重复过多少次这样的做法，从这一刻开始，我希望你可以重新认识一个事实：真正让你痛苦的不是消极情绪本身，而是你解读、处理它的方式，以及不停地指责自己的状态。

学会与真实的情绪建立连接

> 情绪通常代表一种被放大了的极其活跃的思维模式，由于它有巨大的能量，你很难一开始就观察到它。它想要战胜你，并且通常都能成功——除非你有足够强大的觉察当下的能力。
>
> ——《当下的力量》埃克哈特·托利

情绪是信息内外协调、适应环境的产物，没有好坏之分。人们为了区分情绪的类别，才对其进行了带有评价性的命名，如"积极情绪"和"消极情绪"。其实，任何一种情绪都有明确而积极的意义。那些让我们感到不舒服的情绪，只是协调后决定远离刺激物的一种倾向。

✏ 划重点

当我们体验到了某种消极情绪，并试图用上瘾的行为来回应时，不仅会让这种情绪加剧，还会引发其他的负面情绪，比如懊悔、憎恶、焦虑、恐惧，认为自己"无药可救"。因此，想要解决行为上瘾的问题，先得学会处理消极情绪，与真实的情绪建立连接。

对于行为上瘾者来说，要跟自己的情绪建立连接，需要一个学习和适应的过程。在此提出三个与之相关的练习，大家可以借鉴参考，以便在消极情绪来袭时，开启一个全新的、正确的缓释之道，而这也是告别行为上瘾的第一步。

> 练习1：对情绪的关注与觉察

准备一个笔记本、一支笔，尽量做到不加评判地回答下面的问题。这样做的目的是收集信息。如果在做练习的过程中，你感到心里不舒服，那么请试着关注这些感受，然后温和地把自己的注意力拉回到这些问题上来。

（注：本练习适用于食物上瘾、吸烟上瘾、酗酒，此处以食物上瘾作为范例展示）

Q1：回想你上一次或在并不感到饥饿的时候吃东西的情境，当时你在什么地方？和谁在一起？发生了什么事情？或即将有什么事情发生？

Q2：现在事情已经过去一段时间了，请你尽量回想一下，当时你产生的情绪是什么？你的感受又是什么？

Q3：那种情绪是如何影响你饮食的？具体说说，你吃的是否比自己想吃的更多？或是比自己平时吃东西的速度更快？抑或是吃了自己平时不太会吃的东西？

Q4：再回想一下，你在以那种方式进食之后，有什么样的情绪和感受？

当你开始真正关注那些导致暴食的感受时，你就是在把自己的觉察力带进日常的习惯里。这个练习可以反复做，每次都尽力带着情感而不带评判，它会给你提供一个全新的视角，让你看到自己的情绪和饮食是如何互动的。

当消极情绪来袭时，保持这样的视角可能比较困难，但随着练习的增多，你会感受到自己越来越懂得识别情绪，你会告诉自己："嗯，这是焦虑的感觉，就是那个引发我进食的诱惑。"识别出了焦虑情绪，就可以采取应对焦虑的方式，而不是去盲目地进食。

练习2：思考负面情绪的价值

每一种情绪的存在都是有意义的，它会带给我们有用的信息，特别是消极情绪。只是，当负面情绪来袭时，我们会感觉很不舒服，想要逃避而不是去感受它们，这是完全可以理解的。这个练习就是为了让我们与自己的情绪待在一起，理解它的功能，以及我们的感受，并根据这些信息来展开积极有效的行动。

Q1：发生了什么事情，让你产生了"接触瘾品"的冲动？

——周末起床后，不知道该做什么。

Q2：此刻的你出现了什么样的情绪？

——无聊。

Q3：无聊的情绪想要告诉你什么？

——我没有目标，没有认真思考和规划自己的生活。

Q3：无聊的情绪想要告诉其他人什么？

——当我有这种感觉的时候，我希望有人陪伴。

Q4：这个情绪指引你做出什么行动？

——玩手机、打游戏、逛街购物。

Q5：这个行动对你有好处吗？

——没有。

Q6：你可不可以做点对自己有益的事？

——看1小时书、看一部高分电影、约朋友去散步。

练习3：思考对负面情绪的信念

情绪之所以会对我们的行为产生影响，是因为我们对情绪存在信念。

以我个人为例，在过去的很多年里，我都认为愤怒是不好的，这种信念致使我不敢表达内心的不满。当我意识到这一问题，并且看到了愤怒的积极意义——当我们的生命、权利、尊严、个人边界受到威胁时，愤怒是最直接、最真实的反应，它在提醒我们正视感受、保护自己、捍卫自己，认真对待眼前这件让自己愤怒的事，我就不再把关注点放在愤怒的情绪上了，而是思考怎样做才能实现捍卫自我的目标。

下面要做的这个练习，帮助我们觉察自己对情绪的信念，提醒自己产生情绪时该怎样应对。你可以参考下面的范例，试着在笔记本上列出你对不同情绪的信念，特别是那些会触发上瘾行为的情绪。

Q1：哪种情绪比较容易触发你的上瘾行为？
——悲伤。
Q2：你对这个情绪的信念是什么？
——没有人爱我。
Q3：这些信念如何影响你？
——每次体验到伤心时，我会觉得孤独无助，感觉没有人在意我、关心我。
Q4：这对你有帮助吗？
——没有，这种感受只会让我变得更加封闭。
Q5：对这个情绪的其他可能看法？
——悲伤是一种痛苦的体验，但它也在提醒我，要改变过去的某些想法和做法了，用全新的方式去处理问题，主动地去做出调整。

✏️ 划重点

想要与情绪建立连接，实现和平共处，就需要不加评判地关注自己的感受。你只需要知道这种情绪是什么，而不用去评判它。所有的情绪都是暂时的，人的心理状态也会经常转换。所谓情绪成熟，就是可以在不同的情绪之间自由切换，以适应不同的情况。

秉持这样的态度，不仅有利于健康和学习，也更能感受到深层次的快乐。就像不能期望生活100%圆满一样，也不必要求自己始终保持积极的状态。如果80%的时间是积极的，20%是消极的，并且能够从消极状态中获益，就已经很好了。

把成瘾行为和"我"区分开

很长一段时间，我都是通过吃东西来宣泄自己的压

> 力。可是，每次吃完后，都会感到更大的负罪感和内疚感。有一次，我在吃饼干时，突然感到很罪恶，就把饼干扔进了垃圾桶。然而，最后我还是忍不住，又把饼干从垃圾桶里捡了回来，边吃边哭。我在心里狠狠地咒骂自己："吃吃吃，就知道吃！和猪有什么分别？"
>
> ——食物上瘾者小馨
>
> "毒瘾没来的时候，我总会感到羞耻，常常后悔得躲起来痛哭一场；可是毒瘾一来，就顾不得什么尊严了，只要有途径能够拿到钱，在第一时间把钱变成毒品，什么事都可以做。"
>
> ——吸毒成瘾者笨笨

当物质上瘾或行为上瘾已成为一种习惯时，成瘾者不仅要承受来自周围人的批评、指责和埋怨，还要承受巨大的羞耻感与自责。尽管吃东西、打游戏、疯狂购物的那一刻获得了欢愉，但那只是昙花一现，更多的时候成瘾者是和委屈、愤怒、焦虑和痛苦捆绑在一起的。

成瘾往往会让当事人感到自尊心受挫，认为"一切都是我的错""都是因为我太没出息才会这样"。事实证明，这对于戒瘾是一种很大的阻碍。因为他们把成瘾问题和自己混淆在一起，认为成瘾既是行为问题，也是品行问题，反复地攻击自己。当他们把大部分的精力用来和自己对抗时，自然就少了解决问题的内在力量。

反观戒瘾成功的人，他们认可自己的存在，也认可自己的价值，认为"我是我""成瘾是行为问题"，两者不是对等的关系。虽然成瘾的行为很不好，但这不代表"我不好"。行为不好，就去改变行为，无论戒瘾能否成功，他们都不会拼命攻击自己。

✏️ 划重点

成瘾行为与消极情绪密切相关，而负性思维与负面情绪之间会相互作用，彼此"赋能"，形成恶性循环。思维模式以情绪的方式为自己创造了一种放大的反应，而情绪的变化莫测又不断地为最初的思维模式注入能量。

处在积极的情绪状态时，你可能会有这样的想法和感受：

- √ 周身充满了力量
- √ 对所做的事情抱有信心
- √ 愿意走出舒适区迎接新的挑战
- √ 充满了创造力
- √ 心理承受力变得更强
- √ 倾向于从积极的视角看待问题

√ 相同境遇下，更容易产生积极的情绪

处在消极的情绪状态时，你可能会有这样的想法和感受：

× 对所做的事情缺少信心
× 害怕承担具有挑战性的项目
× 做任何事情都提不起精神
× 很简单的任务也会拖延
× 抗挫能力明显下降
× 倾向于从消极的视角看待问题
× 相同境遇下，更容易产生消极的情绪

有没有发现，思维与情绪是相互影响的？处于消极情绪状态时，更容易产生消极的想法，而这些消极想法又会加深消极情绪。消极情绪与自身经历的契合度越高，就越不容易摆脱，体验的次数多了，就会成为一种自动反应。

划重点

埃克哈特·托利在《当下的力量》中说过："你的大脑总是倾向于否定或逃避当下。事实上，你的大脑越是这样做，你遭受的痛苦就越多。如果你能尊重和接受自己现在的状态，那么你的痛苦也会随之减少——你将摆脱大脑的控制,从你的思维中解放出来。"

成瘾是行为问题,不是道德问题,用抵抗的态度去对待它、对待自己,对戒瘾毫无益处,只会激发更加恶劣的情绪,并加重上瘾行为。要解决这个问题,就得学会把"成瘾行为"和"自己"区分开,这样你才能对自己有信心,对自己的能力有信心。

那么,具体该怎么做呢?我们可以借鉴一下心理治疗领域处理强迫症的方法:

强迫症是一种医学意义上的疾病,与大脑的内部工作有关。对患者来说,清晰地意识到,强迫观念和强迫行为都是强迫症导致的,而不是他们自己所致,对治疗强迫症有积极的意义。它可以让患者把那些滋扰自己的不良情绪,重新确认为由脑部错误信息引起的强迫症状。

当一个强迫症患者遭受症状困扰时,他可以这样提醒自己:

——"我不觉得有洗手的必要,是我的强迫观念让我去洗手。"

——"我不认为自己的身体脏,是我的强迫观念说我的身体脏。"

这样的做法,就是把"我"和"强迫症"分离开。经常下意识地这样做，即便不能立刻把强迫冲动赶走，也能为患者应对强迫观念和强迫行为奠定基础。

戒瘾的时候，你可以试着给自己的"瘾"起一个名字，换一种方式去描述问题。

> 上大学时，我玩《魔兽世界》上瘾了。每次玩了通宵之后，我都特别自责，忍不住在心里嫌恶自己："我又玩了这么久。""我真是太差劲了。"后来，我接受了心理咨询，咨询师让我给自己的游戏瘾起一个名字，之后我在讲述问题时，情况就变成了这样："小恶魔又来召唤我了""小恶魔赢了，我顺从了它""这一回，我没有搭理小恶魔，我做到了"……就这样，我把自己和游戏瘾区分开了，经过持续地咨询和练习，我已经摆脱了游戏瘾。
>
> ——前游戏成瘾者 MIMO

在戒瘾时，如果你也存在信心不足的问题或者缺乏行动力，那么不妨问问自己：我总是这样吗？有没有哪一次不一样呢？那一次是什么触发了我的力量？像 MIMO 那样，哪怕只有一次，也足够颠覆你对自己的认识，让你认识到："在一些情况下，我是有能力不碰瘾，有能力克制住的。"

我们无法控制某一种"瘾"的突然出现，但可以选择清醒地认识和对待它。如果你相信"成瘾行为"代表"自己"，并且强烈地想要认同它，冒出一系列消极的想法，就会落入情绪的深渊，很难发现自身的资源，比如：有没有哪一次我没被瘾诱惑？是什么触发了我的内在力量？把自己和成瘾行为区分开，才有可能颠覆对自己的看法，让自己清晰地认识到：原来，在某些情况之下，我是有能力不碰瘾，有能力掌控自我的。

有了这份自我效能感，再配合小而精的具体目标，积累和体会更多微小的成功，就会给戒瘾者带来极大的鼓舞。如此，他们会更积极地寻找正向资源，确立自己的人生价值。人生价值一旦确立，就有了目标和方向，当一个人知道自己该去哪里时，就不容易"迷路"了。

体会自己的难处，对自己慈悲

无论是情绪上的痛苦，还是生理上的痛苦，刺激的都是同一脑区。面对上瘾行为时，我们要看到的是行为

> 背后那些从来没有被注意到的痛苦。
> ——加拿大著名上瘾症治疗专家加博尔·马泰

上瘾不是一种错误，它只是一种被我们拿来保护自己、回避痛苦、让自己舒适的方式。这一方式的初衷，是让自己不那么难受。从这个角度来解析，我们会更容易面对上瘾的行为，以及它背后的痛苦或情绪。在这个世界上，我们唯一无法欺骗的人就是自己。我们需要对自己保持诚实，同时也需要学会自我同情。

划重点

自我同情的概念，由心理学家克里斯廷·内夫提出，是指个体对自我的一种态度导向——在自己遭遇不顺时，能够理解并接受自己的处境，并用一种友好且充满善意的方式来看待自我和世界。自我同情通常包含三个部分：不评判、自我友善、共同人性。

不评判

面对无法自控的问题时，许多成瘾者经常会忍不住自我责备，咒骂自己很没用。这样的自我批判，更容易加重消极情绪，降低戒瘾的信心。用不评判的态度对待自己，既不刻意压抑情绪，也不过分夸大情绪，这种中立的姿态反而更有助于平静地接纳痛苦的想法和情绪。

自我友善

如果是别人犯了错误，我们很容易给予理解，可同样的问题出现在自己身上，却成了例外。我们经常会在内心对自己进行审判和苛责，认为"我不该这样"。自我友善，意味着用温暖、包容的态度理解自己在戒瘾过程中遇到的困难和失败，就像对待陷入困境中的朋友一样，而不是一味地谴责批评。

共同人性

行为上瘾者的内心充满了矛盾，一方面享受着即时满足，另一方面又在自我厌恶。他们总会不自觉地想到：为什么我这么糟糕？为什么我无法戒瘾？这些想法不断地重复，很容易让成瘾者变得"破罐子破摔"。

共同人性，就是在面对上瘾行为时，把自己的失败和痛苦体验当成是人类普遍经验的一部分，避免被自己的痛苦所孤立和隔离。比如："每个人都可能会对某一种东西上瘾，不是只有我这样；许多人在戒瘾过程中都经历过反复，不是只有我这样。"

📝 划重点

当我们能体会到自己的难处时，才会对自己产生慈悲；当慈悲发生的时候，我们才允许自己去看到真相。在戒瘾的过程中，如果你发现，你还是会批判自己、厌恶自己，那就说明你对自己的支持和关怀还不够。此时，你可以试着先从外界获得温暖与支持，可以是你信任的朋友、家人，也可以是专业的心理治疗师，同时加强自我同情的培养。

那么，怎样才能够在日常生活中培养自我同情呢？

Step 1：及时觉察

自我反省和自我批评是成长进步的必经之路，一定的负性想法也可以帮助我们调整自己的行为，但是不加怜悯的诚实是残酷的，带来的往往是挫败感。所以，当那些批判和否定自我的念头冒出来时，要及时地觉察，这是改变的开始。

Step 2：全然接纳

当你觉察到那些胡思乱想、自我批判的念头时，强迫这些想法停下来是很困难的，它们会不受控制地在你的脑海里翻腾。记住一点，没有不应该产生的想法，哪怕它们让你感到很难受、很痛苦。试着在脑海里给所有不安的想法一个栖身之所，让它们静静地待在那里，允许并接受它们存在。

Step 3：积极暗示

做到了前两项之后，试着告诉自己："这的确是很艰难的时刻，可艰难也是生命的一部分，我已经做到了我所能做的——最好的样子。"这些积极的自我暗示，会让你对自己有更好的感受，并获得面对问题、解决问题与继续前行的勇气。

当我们学会自我同情，培养出自我支持与慈悲时，可以更好地面对内心的痛苦，并减少由它诱发的负面影响。因为我们接纳了自身的阴影与光明，成为完整的自己。当生命不再是碎片化的，当创伤得以疗愈，就不再需要通过药物、暴食、赌博等方式来缓解自己的痛苦，而是会逐渐感受到生命的轻盈、流动与广阔。

辑 06

掌控环境
跳出意志力的陷阱

为什么靠意志力戒瘾总是失败

> 几乎每次打开手机，都会看到类似这样的文章推送："你不知道自律以后的人生有多爽""高度自律后，我的生活开挂了""所有优秀的背后都是苦行僧般的自律"……对于我这种沉迷手机、有严重拖延症的人来说，看到别人自律又精彩的生活，也会激起改变的想法。无奈，每次"改变"都只是三分钟热度，很快就会被打回原形。
>
> ——沉迷手机 + 重度拖延的 Kate

不知道从什么时候开始，"自律"二字红遍了网络，各大媒体平台都在推送类似这样的文章——"你不知道自律以后的人生有多爽""自律三个月，我的生活开挂了""所有优秀的背后，都是苦行僧般的自律"……刹那间，唤醒了许多人内心深处的恐惧感、焦虑感，乃至羞耻感："为什么别人可以这般自律，我却拿起手机就放不下呢？"

无论是沉迷于手机的"低头一族"，还是游戏、食物或色情成瘾者，几乎每一位当事人都曾无数次地尝试靠意志力做出改变，结果却总是三分钟热度，很快就败给了现实，回到旧有的模式。经过足够多的失败后，便产生了习得性无助。

划重点

习得性无助，是指经历了重复的失败或惩罚，对现实感到无望和无可奈何，认为无论怎样努力也无法改变事情的结果，继而放弃努力、听任摆布。

当行为上瘾者陷入习得性无助之后，会产生放弃努力的消极认知和行为，引发消沉、无助等负面情绪，认为一切都是自己的问题，缺少戒瘾所需要的品质——勇气、内在力量和意志力，觉得自己这辈子注定就是一块"废柴"！

生活中持有这种想法的人并不在少数，美国心理学会的"美国压力"年度调查显示，人们经常把意志力不足视为无法实现目标的首要原因。许多研究员都致力于研究如何帮助人们培养意志力和克服意志力损耗。实际上，意志力只对那些尚未决定自己真正想要什么的人有用，如果被意志力要求去做某件事，内心往往会充满矛盾和挣扎，比如：你想吃甜品，却又想减肥；你想专心工作，却又想追网剧；你想陪伴孩子，却无法停止刷手机。

划重点

成瘾专家阿诺·M. 沃什顿博士指出,很多人认为上瘾者需要的是意志力,但事实并非如此。真正的原因在于急剧变化的环境,很多人没有能力在一个新的世界里用新的规则来正确地管理自己,而是沉迷于各种各样的嗜好——主要是科技产品,但也沉迷于一些刺激物,如咖啡因、含有大量碳水化合物的能够被快速吸收的食物等。

> 白天的时候,我可以很好地控制自己的饮食,可在结束了一天的奔波劳碌之后,我感觉自己就像失控了一样,面对零食、饮料、炸鸡、比萨、水饺……完全没有防御能力。几乎每天我都会一边看剧、一边吃夜宵,最后带着一个撑胀的胃,一颗满载自责的心,不舒服地躺在床上,发誓"明天再也不这样了"。可是,明日复明日,我依旧是老样子。也许,我天生就是一个"没出息的吃货"吧!
>
> ——食物上瘾者"小莴笋"

从某种意义上来说,绝大多数人处于生存模式下,环境中有太多的东西在对我们施加压力,行为上瘾已经成为一种常态。想要掌控生活,走出生存模式,不能指望运用更多的意志力去克服行为上瘾,因为意志力是一种有限的资源,会随着使用而逐渐消耗殆尽。

研究人员挑选了一些有饥饿感的受试者,将其分成两组,并在他们面前摆放了两盘食物,一盘是香甜可口的巧克力饼干,另一盘是胡萝卜。研究人员告诉第一组受试者,可以随心所欲地食用面前的食物;第二组受试者则被要求,不能吃巧克力饼干,只能食用胡萝卜。

实验开始后,第一组受试者拿起饼干就吃起来;第二组只能吃胡萝卜的受试者则面带苦相。望着眼前美味的饼干却不能碰,简直是一种煎熬。研究人员通过监控发现,第二组中有一位受试者,拿起饼干闻了一会儿,又恋恋不舍地将其放了回去。这足以证明,在这个过程中,第二组只能吃胡萝卜的受试者调动了意志力,而第一组可以随心吃东西的受试者却没有这种感觉,他们显得轻松而愉悦。

15分钟以后,研究人员给两组受试者出了同样的"一笔画"谜题,让他们来解答。这样的题目,完全需要依靠意志力坚持做下去。研究人员发现,可以吃饼干的第一组受试者,在谜题任务中平均坚持了16分钟;而只能吃胡萝卜的第二组受试者,平均只坚持了8分钟。

从心理学的角度来讲，意志力代表着大脑中用来处理紧急状况或意外状况的那一部分；而戒糖、戒烟、戒酒、戒游戏瘾等问题，涉及大脑的另一部分，即习惯系统。习惯系统发展得十分缓慢，它在各种技能的学习中发挥作用，如开车、游泳等。最初要一点点地学，逐渐掌握难度更大的技巧，达到熟练的程度之后，根本不需要去思考该怎么做。成瘾，就是对习惯系统的"劫持"，想依靠意志力戒瘾，就像试图用水枪射穿墙壁一样困难。

跳出意志力陷阱，重视环境的效用

> 人们的行为方式取决于他们的性格和态度，对吗？他们归还丢失的钱包是因为他们诚实，回收他们的垃圾是因为他们关心环境，花5美元买焦糖布丁拿铁是因为他们喜欢昂贵的咖啡饮料……人们的行为常常受到周围微妙压力的影响，却没有意识到这些压力。因此，人们错误地认为自己的行为来自某种内在倾向。
>
> ——心理学家蒂莫西·威尔逊

当一个人戒不了瘾时,无论是外界还是其本人,都习惯把意志力低下、自控力不足列为主因,即把戒不了瘾的责任全部归咎于"人"。实际上,这是一种认知偏差,在心理学上被称为"基本归因错误"。

📝 划重点

心理学家研究证实,人们在思考某些行为或后果的原因时,存在高估人的特质因素(如人格或态度)、低估情境因素(所处的环境)的倾向。即使人们意识到他人的行为可能是由外部因素所致,仍然会将这种行为直接归咎于这个人本身。

许多成瘾者内心深处是渴望改变的,之所以未能成功,是因为他们把着力点放在了意志力上,忽略了一个重要的事实:人与所处的环境是彼此的扩展,在一种环境中你是谁、你能做什么,与另一种环境中你是谁、你能做什么,有很大的差别。

有一部探讨"穷忙族"生存困境的纪实作品叫《我在底层的生活》,内容既辛酸又有趣。为了寻找底层贫穷的真相,作者隐藏了自己的身份,潜入美国的底层社会,去体验低薪阶层如何挣扎求生。

为了这一研究课题，作者承受了生活的巨变。她不再是那个上层社会的女精英，而是化身为底层劳工，给自己制订了严苛的执行标准，在衣食住行各方面都做了相应的调整。

她流转于不同的城市、不同行业，先后做过服务员、清洁女工、看护之家助手、超市售货员等，她每天要强打着精神为生活奔波，佯装笑脸应对挑剔难缠的客户。生活在这样的环境中，作者发现她很难保持原来的行为模式，因为大部分的意志力都被掏空了。不仅如此，她还染上了烟瘾，脾气也变得暴躁，就连吃饭也开始糊弄。

📝 划重点

每个人都会受到情境的影响，采取行动的可能性都会受到所处环境的限制。如果一直处在与个人准则相冲突的环境中，能够做的选择只有两个：要么顺应糟糕的环境，要么用意志力与之抗争。无论是哪一种选择，结果都是一样的糟糕。

透过这部纪实作品，相信你已经更深切地认识到一个事实：身处在一个充满化学奖励、极易诱发无意识行为上瘾的环境中，我们的周围充斥着一个又一个的触发器，如果不去控制环境，单纯地依靠意志力克制和改变上瘾行为，几乎是不可能的。

> 我太清楚多巴胺与多巴胺受体的作用了，也掌握了自身成瘾的规律，并与之抗争了八年。对普通人来说，再正常不过的新闻标题和图片，对我来说都是刺激，这不是无中生有，而是"敏化反应"的结果。网络上那些没有道德约束和法律限制的新闻推送，社交媒体上那些挑逗人的图片和视频，都只是为了博取流量，从来没有考虑过这些刺激带来的后果。戒瘾不只是一场与自我惰性和天性的对抗，更是和不良环境的对抗。
>
> ——前性成瘾者 Rain

行为上瘾和其他上瘾一样，会让大脑发生三种变化：脱敏反应、敏化反应和前额叶功能退化。大脑神经在适应了某种刺激后，会想要继续重复这种感觉，从而形成渴求。当人继续重复同样的行为，被刺激的区域会产生耐受性，在同样的刺激之下，产生的多巴胺和多巴胺受体会变少，这就是脱敏反应。

在此基础上，一旦有相应或类似的刺激出现，成瘾者会比其他人更为敏感。这种回路就像学习过程中神经元突触之间的联结不断强化直至牢固一样，形成难以抵抗的超级记忆，这种现象就是 Rain 提到的敏化反应。在不断地刺激、脱敏和敏化的过程中，成瘾者的大脑前额叶功能会退化，最终无法控制自己的行为。

戒瘾是一个让大脑重新恢复平衡的过程，这个过程不易，且不是一劳永逸的。与此同时，外界的环境在不断变化，总有各种新的诱惑出现，在这样的处境之下，靠意志力戒瘾的可能性就更低了。在戒瘾的问题上，我们需要转变视角和思路，把着力点放在所处的环境上。

假设你是一个吸烟者，让你靠意志力抵抗烟瘾，你可能会觉得 2 小时不碰烟难以忍受。可是，当你为了探亲坐飞机回家，行程长达 4 小时，你仍然可以遵守乘机规则，全程不吸烟。两种截然不同的行为，只因所处的情境发生了改变。所以，想要改变自己的上瘾行为，改变所处的环境和自己所扮演的角色，远比使用意志力更有效，也更容易。

不利的环境是成瘾复发的导火索

我在大学期间迷上了网络游戏，这让我的生活变得一团糟。后来，我去了另一个城市的网瘾治疗中心，在

> 成功戒瘾并准备离开的时候，治疗中心的工作人员提醒我，最好不要回到原来的城市。很遗憾，我没把这个建议当回事，我认为自己已经完全摆脱了网络游戏的诱惑。
>
> 确信自己已经痊愈后，我就回到了学校。没想到，盟友的一条短信"嘿，上线跟我们玩会儿吗"，就让我故态复萌，我随口就回应了一句"没问题"。我不会想到，那一声回应之后，我竟然连续打了五个星期的游戏！不洗澡、不收拾，困了就打个盹儿，醒来接着玩，房间里堆满了各种餐盒，又脏又臭……直到妈妈打电话说要来探视，我才被迫终止狂欢。
>
> 望着镜子里的自己，我萌生了一股强烈的厌恶感。我胖了30多斤，头发油腻、胡子拉碴、周身都是肥肉。在妈妈面前，我彻底崩溃了，提出要开始新一轮的寄宿治疗，并决意治疗结束后，留在那里居住。正是这一决定，改写了我后来的人生。
>
> ——前游戏上瘾者艾斯

一个人能否成功戒除行为上瘾，其难点和重点在于能不能预防复发。为什么在治疗中心戒瘾成功的艾斯，重新回到原来的城市和校园之后，很快就故态复萌了呢？

联结学习是上瘾的基础，即把一种特定的刺激和行为反应联系在一起，伴随产生的诱人结果会使这一联结增强。对艾斯来说，诱人的结果就是跟盟友们打一局游戏的快感，包括即时反馈、社群交流等。网瘾治疗中心的工作人员曾建议他不要回到原来的城市，原因就在于他们很清楚，错误的环境会诱发上瘾行为。

科学家鲁登伯格为了测量上瘾与记忆之间的关联，曾经给一只名叫"埃及艳后"的松鼠猴做了手术，将电极植入它大脑的奖赏系统。

鲁登伯格把"埃及艳后"放在笼子里，笼子里有两根金属棒。第一个金属棒朝着松鼠猴的快感中枢发送电流，第二根金属棒投放美味的食物。最初，"埃及艳后"随机地按压金属棒。不过，很快它就找到了产生快感的方法，开始无视食物金属棒，反复地按压电击金属棒。

不久之后，鲁登伯格把"埃及艳后"从笼子里放出来，在其他地方待上几小时或几天。离开笼子后，"埃及艳后"的瘾消失了，就和刚来到实验室时一样。可是，当鲁登伯格重新把它放回笼子里，它又会疯狂地按压电击金属棒，就算把金属棒从笼子里拿走，它还是会站在金属棒所在的地方。

鲁登伯格猜测，"埃及艳后"的瘾在其长期记忆里留下了深刻的印记。对"埃及艳后"来说，笼子就是触发因素，把它带回了上瘾的情境，就恢复了原来的上瘾行为。

鲁登伯格的猜测到底对不对呢？有一个真实的案例，验证了鲁登伯格的观点。

波兰学者卢卡什在《嗑药：药物与战争简史》一书中描述：根据美国国防部的估算，在越南战争期间，有近90%的美军曾吸食大麻和海洛因等毒品。面对旷日持久的战争，士兵们用毒品来麻醉和安抚内心，以减轻精神上的恐惧和忧虑。

美国士兵大范围毒品上瘾的消息传回了华盛顿，尼克松和助手们很是担心，他们不敢确定这些毒品成瘾的士兵回国之后会发生什么。当时，海洛因是市场上最危险、成瘾性最强的毒品，让海洛因成瘾者戒毒很难，即便是已经戒了瘾，95%的人也至少会复吸一次。

预估的情况极不乐观，可当美军真的撤离越南后，95%的退伍士兵竟然都成功戒掉了毒瘾，只有5%的戒毒士兵复吸！这些士兵能够成功戒掉毒瘾，有一个至关重要的原因，那就是他们脱离了原来的环境——驻扎在丛林小径、环境潮湿闷热、战火弥漫、硝烟四起；回到美国之后，大都过上了全新的生活——有家人陪伴、正常上下班、去商超购物。他们不需要再面对战时的那些记忆，彻底脱离了与吸毒行为有关的环境。

人们通过联结学习，可以寻找到带给自己愉悦感的标识，这是成瘾的基础。在成瘾之后，对于任何与瘾品有关的标识都会变得格外敏感，无论是情景、味道、声音、情绪，还是和瘾品有关的人，都可能会导致"破堤效应"。

📝 划重点

破堤效应，是指个体在承诺放弃成瘾物质或行为后，又使用了成瘾物质，或做出了成瘾行为，并由此产生诸多负面认知和情绪反应，进而导致失控的成瘾复发。

许多人无法戒瘾，正是因为一次次地重回错误的环境：拉拢自己玩游戏的盟友、塞满高热量食物的零食筐、重回吸毒时所住的房子、走在熟悉的街区……他们的确断了瘾，可是身边的环境没有变，激活了与瘾品有关的记忆，再次触发了对瘾品的强烈渴望。

📝 划重点

环境不是让人成瘾的唯一因素，却发挥着超出想象的重要性。即使是痊愈期间意志力坚定的人，处在不利的环境下，重新接触与瘾品有关的任何线索，都会唤起他的欲望，瞬间点燃接触瘾品的冲动。

远离那些阻碍你前进的"老朋友"

> 没有人可以完全摆脱社交网络,但我深刻地体会到,和什么样的人在一起,直接影响着自己的状态。原本,我下定决心不再玩游戏,可盟友们却在微信里不停地发出充满诱惑力的"召唤",结果,我总是忍不住上线。游戏结束后,理性重新占据大脑,可惜时间已经浪费了,而我又一次戒瘾失败。
>
> ——游戏成瘾者凯蒂

划重点

哲学家普鲁塔克说:"如果你和一个瘸子生活在一起,你将学会跛行。"

这样的经历与感受,或许你也有过,它未必都和行为上瘾有关,但一定让你强烈地感受到"近朱者赤,近墨者黑"的存在。确实,和什么样的人在一起,就会有什么样的人生,因为人是唯一能够接受暗示的动物。

美国教育家杰弗里·霍兰德分享过这样一个故事：有个年轻人，在学校读书时一直遭受欺凌和虐待。成年之后，他去参军了。在离开家乡的那些年，他接受了良好的教育，获得了不少成就，还成了一名领导者。与过去相比，简直判若两人。

数年后，年轻人回到了自己的家乡，那个曾经无比熟悉的小镇。从外表上看，他和从前大不相同，可在家乡人的眼中，他依然是离家之前的样子，没什么两样。他们的相处模式被固定下来，那些人仍旧像过去那样对待他。可悲的是，这个年轻人也重新回到了原来的模式，回到了最初的起点。他又变得闷闷不乐、无精打采。

如果说，年少时被欺凌是因为他弱小无助，那么这一次重蹈覆辙，就是年轻人自己的错了，因为他选择了与那些阻碍自己变得更好的人为伍。我们无法改变过去发生的事情，更无法左右其他人的言行，但可以切断任何与积极目标相冲突的关系。

在我国的吸毒人群中，青少年所占比例越来越高。许多青少年在初次接触毒品时，完全不知道毒品是什么，非但没有远离，还对它充满了好奇。那些诱使他们接触毒品的人，往往就是同辈群体。换句话说，交友不慎是染上毒瘾的一个重要因素。

在青少年的社会化过程中，同辈群体的影响不可小觑。在与同辈群体频繁互动的过程中，青少年很容易习得其他成员的价值观和行为方式，而同辈群体的亚文化、非正式的制约力，也会对青少年造成巨大的压力，让他们服从同辈群体的行为规范。

如果一个孩子身边围着几个吸毒的同辈，那么吸毒就会成为行为规范，如果这个孩子不吸毒，就会被孤立、被排斥。在这样的情况下，许多孩子就选择了吸毒。

除吸毒以外，青少年对电子游戏上瘾也是不容忽视的问题。成年人玩电子游戏不太容易造成严重的负面后果，最多是影响工作效率、睡眠，或是造成拖延等。可是，青少年由于大脑尚未完全发育好（额叶到20岁出头才能发育完全），很容易冲动行事，他们不知道怎样做更好，也很容易做出不明智的决定。

在游戏的成瘾机制中，社交因素是一剂诱人的"瘾药"。热衷于群体活动的青少年，享受与同伴为了同一目标努力的过程，哪怕只是共同打一只怪兽，也能满足他们的社交乐趣。在这样的机制之下，一旦伙伴发出"召唤"，年少的成瘾者就很难自控。另外，同学之间相互模仿、攀比的心理，也对青少年游戏成瘾起到了助推作用。

作家兼公共演说家吉米·罗恩说过，你是与自己相处最久的 5 个朋友的平均值。凑巧的是，你也是与这 5 个朋友相处最久的 5 个朋友的平均值。

如果你朋友的朋友变胖了，那么你不健康地增加体重的概率也会急剧增加；如果你朋友的同学都在打游戏，那么你也很有可能会加入游戏大军。这被称为负二次联结，它通常比负一次联结更危险，因为你通常无法直接清楚地看见它。

我们所处的环境构成了生活的方方面面，从收入到价值体系，从腰围到消遣方式。在戒瘾的过程中，为了减少消极因素的干扰，我们要学会为自己营造积极的处境，主动远离那些阻碍自己前进的"老朋友"，比如彻底删除曾经一起打游戏的网友，远离总讨论游戏的同学，接收不到"召唤"的信息，自然也就降低了发生上瘾行为的概率。

移除诱惑源，优化所处的环境

以前工作时，大脑里总有一个声音怂恿我："嘿，你今天还没有打开微博，不想看看留言吗？""昨天关注的

> 新电影，要不要刷一下？"禁不住诱惑的我，往往就会打开手机。虽然心里默念着"看一会儿就放下"，可不知不觉就刷了一个多小时。我尝试过，想看手机时提醒自己"待会儿再看"，或者直接把手机放在其他房间，但这些做法不太管用，即时满足的诱惑总是怂恿我"现在就看""到隔壁房间拿手机"。
>
> 现在，这样的状况已经彻底远离我了，倒不是说我变得更有自控力了，而是我选择把手机屏幕设置成"专注模式"，在选定的时间内（如1小时），无论怎么摆弄，除了接打电话和摄像头，其他的功能一律不能用。在这种情况下，我只能去认真做事了。
>
> ——分享戒瘾方法的"小雪人"

心理学家在解释行为时，有的将行为归结于外部因素，如行为主义；有的将行为归结于内部因素，如本能论。然而，社会心理学的先驱库尔特·勒温却采用格式塔心理学观点，将个体行为变化视为在某一时间与空间内，受内外两种因素交互作用的结果。

划重点

勒温借用物理学上的"力场"概念——在同一场内的

各部分元素相互影响，当某部分元素变动，所有其他部分的元素都会受到影响，来解释人的心理与行为，并提出著名的"勒温的场论"公式：$B = f(P, E)$，即人的心理活动是在一种心理学场或生活空间里发生的，一个人的行为（B），取决于个人（P）与其所处环境（E）的相互作用。

简单来说，当环境发生了改变，行为就会随之改变。网友"小雪人"把手机屏幕设置成"专注模式"，实际上就是利用了勒温的场论，通过强制功能来优化自己的工作环境。

划重点

强制功能，是自我强加的情境因素，迫使个体采取行动并实现既定目标。这是一种内嵌的约束，让人把想做的行为变成必须做的事情，阻止自己犯某些错误。

> 一直以来，我都觉得自己陪伴家人的时间太少了，尽管有时并不加班，可我仍然会被手机"绑架"。现在，每天下班以后，我故意把手机放在车里。家里没有手机，

> 也就没法使用，我就可以和爱人一起做饭，专注地听孩子讲学校里发生的事情，与他们共享晚上的时光。
>
> ——分享戒瘾方法的星魂

在戒除上瘾行为的过程中，与其依靠意志力，或是对自己撒谎说"我不会轻易把手机从口袋里拿出来""我会控制自己不吃零食"，不如干脆取消这一选项，比如把手机的屏幕设置成"专注模式"，把零食筐清空。这样的话，你就不需要与欲望抗争，持续地、刻意地管理自己的行为，因为你优化了所处的环境，让它变得有利于达成意愿和目标。

> 我把手机上所有的社交媒体App都卸载了，没有了它们，我就不会每隔半小时查看一下消息了。刚开始时，出于过去的习惯，我还是会无意识地拿出手机想要查看社交网站。可当我发现手机界面上已经没有这些App了，也懒得重新下载安装了，因为并没有达到非看不可的程度。渐渐地，我也适应了没有它们的生活，感觉时间都变得充裕了。
>
> ——分享戒瘾方法的瑞瑞

总是给自己的选择留有余地，试图靠意志力控制上瘾行为，往往会陷入失败。与其反反复复，不如围绕戒瘾的目标构建一个自主的"防御系统"，将那些充满诱惑的、破坏性的选择移除，把意志力、心态等内在的力量外包给促使它们成为潜意识和本能的环境。

> 每周三和周四的下午，我都会带着笔记本去咖啡店里写稿，但不带电源线。这样的话，我会特别珍视电池续航的时间，刻意制造出一种"紧迫感"，激励自己在三四个小时之内认真工作。同时，我也承诺这两天下午接孩子放学，我必须在四点半结束工作。有意思的是，这样的安排让我的工作效率比平时更高。
>
> ——自由撰稿人小乔

精心设计的强制功能就像心流触发器，强迫我们专注于当下和想要做的事情。想要减少电子产品对工作和学习的影响，有效控制上瘾行为的发生频次，通过强制功能创造积极有利的环境，是最简单、最省劲的实用策略。

提前预演应对消极诱因的方案

> 我希望能用3个月的时间，改善情绪化进食的问题，减掉10公斤的体重。然而，生活不是一条直线，总会有凌乱的小岔子。每当感到焦虑不安时，我就会忍不住想吃东西，这也是导致热量超标的重要原因。后来，朋友给了我一个建议，她说："当你想吃东西时，先问问自己是真的饿了吗？如果不是因为生理性饥饿想要进食，就去户外散步半小时，让自己平复情绪。如果特别想吃某一样食物，就告诉自己：少吃一点，好好品尝它的味道！"
>
> 现在，我已经顺利减掉了6公斤的体重，情绪性进食的次数也明显减少了，真的很感谢我的朋友，教会我用这种方式处理问题。怎么来形容它呢？就像是避开了一场激烈的"自我斗争"，不那么艰难，就与自己达成了和解。
>
> ——正在戒除食物成瘾的"甜草莓"

创造积极有利的环境，无疑能够减少对意志力的消耗，但有一个现实问题不容忽视，我们无法控制每一个环境，尤其是不能左右突然来袭的意外事件与负面情绪。在某些时刻，我们难免会被诱导去做一些违背愿望和目标的事情。面对这样的挑战，靠意志力是不切实际的幻想，最好的处理方式是，提前制订出"自动响应"的预案。

被食物成瘾困扰的"甜草莓"，在分享个人戒瘾经验时提到，焦虑不安是触发她情绪性进食的一大诱因，而她对此束手无策。朋友向她提供的有效建议，恰恰就是让她预演"消极诱因"来袭的场景，并事先想好应对办法——"如果不是因为饿而想进食，那么我就去户外散步""如果特别想吃一样东西，那么我就允许自己少吃一点，好好品尝它的味道"。

不知道"甜草莓"的这位朋友是否对心理学有研究，因为她提供的这条建议不只是"随口说说"那么简单，它涉及了实现目标的科学方法——执行意图与 WOOP 思维。

✏️ 划重点

> 执行意图，最早由认知心理学家彼得·M. 戈尔维策提出。普通人在思考目标时，惯常使用目标意图——"我想做什么"；但戈尔维策不再从认知层面说服人们改变自我，他提倡使用执行意图——"如果……那么……"的思考范式。

目标意图——我一定要戒掉网络游戏，我要控制我自己。

执行意图——如果脑海里冒出想玩游戏的想法，我就去健身房锻炼。

目标意图——我一定要控制饮食，少吃一点。

执行意图——如果明天和朋友出去吃饭，那么我就点一个沙拉。

🖉 划重点

WOOP思维，是心理学教授加布里埃尔·厄廷根（执行意图提出者彼得·M.戈尔维策的妻子）以科学研究为基础，提出的一种全新的思维工具。她用通俗易懂的方式提出了使用执行意图的WOOP思维模型，人们可以利用这个模型发现并实现自己的愿望，安排好自己的优先事项与喜好，并改变和养成习惯。

许多戒瘾计划之所以无法凸显效用，原因就在于只停留在笼统的概念层面，大脑不知道什么时候、在什么地点、该做些什么。所以，我们需要在大脑里预埋行动线索——"如果……那么……"，把戒瘾的愿望和现实阻碍（消极诱因）联系起来，在认知层面做好实现愿望的准备。当消极诱因出现时，就可以明确地投入精力，用预先制订好的方案去应对。

具体来说，WOOP 思维有四个步骤：

Step 1：W——Wish 明确愿望

扪心自问：你有什么样的愿望？

例1：我希望不再沉迷于刷手机短视频。

例2：我希望不再沉迷于疯狂购物。

Step 2：O——Outcome 想象结果

扪心自问：实现这一愿望后的结果是什么？

例1：我可以充分利用业余时间读书、学习。

例2：我可以告别负债的状态，省下更多的钱。

Step 3：O——Obstacle 思考障碍

扪心自问：我会遇到哪些困难？何时、何处？

例1：通勤路上和下班之后，我总是不自觉地打开手机。

例2：每次感到空虚无聊，我就想去逛街。

Step 4：P——Plan 制订方案

扪心自问：遇到困难，我可以怎么做？

例1：如果通勤路上和下班之后想刷手机，那么就把手机设置成"专注模式",好好利用这段时间读书。

例2:如果我感到空虚无聊想去购物,那么我就看一遍《三千日元的使用方法》。

以上就是结合常见实例对WOOP思维运用的演示。简单来说,就是提前预演在戒瘾过程中可能会出现的失败场景,想好若是偏离了路线该怎样应对,建立一个"如果……那么……"的反应,转移对被触发的诱惑的注意力,避免以被动和无意识的方式行动。大量事实证明,在被诱惑的那一刻,如果能让自己分心(哪怕只是几秒钟),这种渴望都会降低或消失。一旦你做到了,戒瘾的信心就会提升,这种激励远比多巴胺的刺激更持久。

划重点

尽最大的努力,做最坏的打算,这句话用在此处极为恰当。创造执行意图,就是让自己更清醒地意识到,有可能出现的"最坏的情况"是什么。当你为这最坏的情况做好打算,知道该如何应对时,即便真实的困境来临,你也能迅速地找到不同以往的、正确的"出口"。

深入的人际关系是戒瘾的钥匙

> 我吸烟有十几年了,屡屡下定决心要戒烟,但都以失败告终。直到去年,我开始渴望成为母亲,并由此想到了吸烟对孕育孩子的各种不利影响,以及孩子出生后看到自己吸烟的感受……我的内心受到了强烈触动,开始了唯一一次不同以往的戒烟行动。
>
> 强烈的戒断反应,和过去一样让我抓狂、坐立不安,可一想到"孩子",我便觉得那些痛苦是可以忍受的,也是值得忍受的。我所做的一切,并不只是为了我自己,还有另外一个与之息息相关的生命。现在,我已经成功戒了烟,正在备孕中。
>
> ——成功摆脱烟瘾的美娅

划重点

上瘾的背后隐藏着深度人际关系的缺失,它是孤独与寂寞的产物。

约翰·哈里在他的 TED 演讲《那些你所知道的有关上瘾

的事都是错的》中指出，摆脱上瘾的方法是建立深入的人际关系。在缺乏有意义的关系时，人就会拼命地去其他地方填补空虚。人们需要相信自己的行为很重要，不仅对自己，对别人也是如此。

> 你买得起TED演讲的门票，你也支付得起接下来6个月里喝伏特加的费用。但你不会这么做，你不这么做不是因为有人阻止你，而是因为你有想要保持的联系和关系。你有你爱的工作、你爱的人，你有健康的人际关系……因此，上瘾的核心部分就是你无法忍受生活中的现实。
>
> ——约翰·哈里

成瘾治疗师克雷格·纳肯曾经这样描述成瘾者的心理状态："这个人变得完全害怕亲密，并且远离任何亲密关系的迹象。成瘾者常常认为自己的问题根源在于他人，他们认为他人无法理解他们。因此，他们要避开他人……孤独和孤立创造了一个渴望与他人建立情感联系的中心……成瘾者想独处，但本质上却非常害怕独处。"

亚瑟·乔拉米卡利是全球共情研究第一人，他之所以倾力研究共情的课题与他的亲弟弟大卫有关：大卫因吸毒、抢劫犯罪被全国通缉，潜逃到阿姆斯特丹走投无路时，曾与他通过电话。亚瑟博士自信可以劝弟弟找回生活的希望，但令他没有想到的是，就在约定的回国日期的前一天，大卫注射过量的海洛因，并用枪爆头自杀身亡。

大卫的死，给亚瑟博士带来了强烈的震撼，也让他几近崩溃。有超过两年的时间，亚瑟博士都活在黑暗与绝望中，就连所穿的衣服和所用之物都只选择棕色和象牙色。他陷入了深深的自责与悔恨中，满脑子都被"当初我能够做些什么来拯救他"的想法填满，沉痛地反思着自己哪里做错了。自此，亚瑟博士开始倾注全部的心力研究共情，并将自己的人性反思和研究发现用于临床咨询，帮助和治愈了数千万人，也让他与自己握手言和。

共情引领着亚瑟博士，慢慢地理解了弟弟大卫自杀的真正原因——他无法原谅自己，无法接受自己从一个原本热情、阳光、充满活力的人，沦落成大学辍学生、海洛因成瘾者、畏罪潜逃者、被排斥者。他无法原谅自己的行为，无法原谅自己带给全家耻辱，无法原谅自己所造成的悲伤。他的世界不断变窄，直至最终看不到任何出路，所以他结束了自己的生命。

在缺少共情和社会支持的环境中，成瘾者很难依靠意志力走出来。

如果你看过和流沙有关的电影，脑海里大概会浮现出这样的画面：主人公经历了一番挣扎，最终被流沙吞没，有时还会留下一顶帽子。然而，这并不是事实，只是电影情节罢了。想在陷入干燥的流沙后生存下来，必须尽可能地获得外界的帮助；靠意志力拼命地挣脱，只会越陷越深。摆脱行为上瘾也如是，单打独斗很难取胜，仅靠意志力更行不通。

生活在互联网时代，人们可以随时随地与他人进行线上沟通，但也感受到强烈的孤独。你一定有过这样的体会：微信好友名单里有几百个人，可当心情低落、痛苦压抑时，却找不出一个可以安心诉说的对象，也许是不够熟悉，也许是缺少信任，也许是不被理解。

划重点

在孤独的环境中，上瘾的暗示会变得强烈，成瘾者也会陷入恶性循环，不停地找寻促使多巴胺水平恢复正常的方法。糟糕的是，当成瘾者为了获取即时满足重复上瘾行为，从而丧失信心时，他们已经很难主动向外界寻求帮助，并获得社会支持了。

内在的羞耻感总是会给成瘾者发出负面的暗示：谁愿意和一个瘾君子打交道呢？然后，着力点又重新回到意志力上面，这样的选择意味着要独自承受更大的孤独，也把那些可以帮到自己的人挡在了门外。

为了戒掉酒瘾，丽莎住进了一家康复中心，接受长达6个月的系统治疗。这家康复中心在另一座城市，丽莎驱车500公里来到这里，是想彻底远离过去的环境，那里有她的痛苦回忆，有酗酒的诱因。然而，仅仅来到这里2个月后，丽莎就想退出治疗了，她发现这个环境在促使她去直面自身的阴暗面，直面那个压抑多年的内心恶魔。

康复中心的成瘾研究专家告诉丽莎："与其把酗酒的自己视为坏人，还不如认清成瘾的本质，它是你用来解决痛苦的一种方式。"随着治疗的深入，丽莎逐渐意识到，脆弱和孤独才是她要解决的根本问题，也是摆脱酒瘾的唯一方法。她需要与外界建立联系，需要学会信任他人。这对她来说很难也很可怕，因为在过往的岁月中，她受到过太多来自他人的伤害。

与他人建立深度的关系，是许多成瘾者要面对的痛苦现实，因为生活的意义是在关系的联结中发现的，内在的疗愈也是在关系的互动中发生的。戒瘾的最大困难，恰恰在于对成瘾行为本身投入了大量的关注和依赖，而与外界失去了联结与关系。

要建立良好的人际关系，不需要多么聪明、多么有才华，只需要以真实的自我和真诚的态度与人沟通，尤其是你的伴侣、孩子、家人和亲近的朋友，这些关系会驱使你成为更好的自己，带来令人难以置信的动力。还记得开篇时提及戒烟经历的美娅吗？当她决意要成为一位不吸烟的妈妈，当她决意要带给孩子健康的身体，以及良好的家庭环境时，她摆脱了烟瘾。

爱，就是戒瘾的一把钥匙。

辑 07

觉知当下
用正念战胜欲望的诱惑

多巴胺其实是一个欲望分子

> 上大学的时候，我疯狂地沉迷于《魔兽世界》，除了上课，我几乎都是在网吧打游戏。从大三开始，我还旷课去打游戏。女友劝我戒掉游戏，我知道游戏已经影响了我的学业和正常生活，女友因为玩游戏的事情和我吵了很多次。我真希望自己当初没玩这款游戏，深陷其中的我已经上瘾了，一天不玩就感觉少了点儿什么，坐立难安。大四那年，我因学分不足未能拿到毕业证，女友对我失望至极，提出了分手。
>
> ——游戏成瘾者"路人甲"

很多人认为，无论是酒精成瘾，还是购物成瘾，抑或是游戏成瘾，都是因为瘾品本身给人带来了愉悦感，才使人们对瘾品产生依赖。其实，瘾品所带来的愉悦感并不会一直发挥作用。不少成瘾者在使用瘾品时，明知道这么做不好，且内心也不喜欢它，只是无法自控，就好比烟民们都知道吸烟有害，却还是忍不住想吸；游戏成瘾者都知道玩游戏浪费时间，却还是忍不住想玩。

📝 划重点

成瘾有三个阶段，第一阶段会出现耐受性，需要使用更大的量、持续更长的时间，才能体验到同等的快感；第二阶段会出现依赖性，瘾品绑架了人们的快乐；第三阶段会产生强烈的渴望，想玩游戏、想吸烟、想购物，不这么做就心痒难耐。

成瘾的第三阶段，会伴随强烈的心理斗争，且通常是欲望占据上风。此时，瘾品带来的愉悦感和快感会消失，这也意味着，成瘾者未能从瘾品或行为中获得愉悦感。

电影《一个购物狂的自白》中的主人公丽贝卡，用尽浑身解数，想要戒掉购物瘾。

她把买来的所有衣服都封存起来，因为一看到这些东西，她就会涌起"差一点就更完美"的想法，触发购物欲。她还把信用卡冻在了一个大大的冰块里，不给自己制造"即时满足"的机会，因为把冰块凿开拿出信用卡，需要花费不少的时间和力气。

丽贝卡疯狂地痴迷于购物，但她已经无法从购物中获得快感，她也不喜欢自己这个样子。一旦她控制不住又买了东西，就会产生强烈的罪恶感与自责感，恨不得把自己的手剁了。

划重点

> 大量的事实证明，人们一旦对某件事物上瘾，愉悦感就会被抑制，无法再从瘾品中获得快感。此时，取代愉悦感的是欲望。成瘾者并不喜欢那些瘾品，也不喜欢上瘾的行为，只是理智难以阻挡欲望，他们强迫性地想要。
>
> 很多时候，你可能不是真的需要某件东西，但多巴胺会促使你一直想要获得它，最后即便如愿以偿，也未必会感到快乐。

密歇根大学的神经科学家肯特·贝里奇指出，多巴胺欲望系统在大脑中具有强大的影响力，而喜欢回路则又小又脆弱，很难触发。两者之间的区别在于"生活中强烈的愉悦比强烈的欲望更罕见，也更短暂"。

多巴胺不是一种持久的快乐储存体，而是一种"承诺这么做可以让你获得快乐"的物质。欲望在化学分子的滋养下让人上瘾，渴望的感觉就像脱缰的野马，无视渴望的对象是不是真心喜欢、是不是对自身有利，是不是会威胁生命。过度且长时间地刺激多巴胺，欲望回路就会进入病理状态，因为大脑中负责提示我们喜欢或不喜欢的系统脆弱又渺小，根本无法抵抗多巴胺冲动的原始力量。

痴迷于没有的，无法享受已拥有的

> 当我在网上看中一件衣服时，我会在脑海里围绕这件衣服构建许多个场景：当我穿着这件衬衫走进办公室，给人的感觉是专业和精干；当我穿着这条连衣裙在咖啡厅里喝咖啡，周身散发着知性的气质；当我穿着这件V领小衫时，我的脖颈看起来是那么修长……带着这份期待和憧憬，我果断下了单；没有收到货之前，这些画面总是交替出现。
>
> 然而，在拆开包裹之后，内心的期待值就会迅速跌落。一旦衣服上身，我感到更多的是美梦破碎，现实和当初想象中的画面相差甚远。我为自己的冲动购物懊恼，但又很快好了伤疤忘了疼，在不久之后的某一天，又被脑海中的画面欺骗，为幻想和冲动付费。
>
> ——购物成瘾的"咩咩"

TED演讲嘉宾、文化评论家弗吉尼娅·波斯特莱尔说过："魅力是一个美丽的错觉，它给人以超越普通的生活、实现梦想的希望。魅力取决于神秘与优雅的特殊组合，过多的信息会破坏这个神奇的咒语。"

🖊 划重点

对购物成瘾者来说,难以抵挡的购买冲动和美好体验,并不是来自物品本身,而是预测奖赏在发挥作用。换句话说,他们通过想象,预测物品给自己带来的自我奖赏。正是围绕着物品的美好想象,唤起了他们的购物冲动和体验的快感。

当我们看到的事物激发了对未来的美好想象,就会觉得这一事物充满了魅力。不过,这种魅力持续的时间并不长久,因为多巴胺是一个欲望分子,它不会满足于某一种结果。无论现在的事物多么珍贵、多么美好,都会渴望获得更多,这是多巴胺的特性。

现实中有不少购物成瘾者都听到过这样的劝慰声:"你已经有那么多东西了,为什么不能好好地利用它们,享受已经拥有的一切呢?"这是一个很好的问题,遗憾的是,许多购物成瘾者难以回答,因为他们也在找寻答案。

🖊 划重点

美国精神病学家丹尼尔·利伯曼在《贪婪的多巴胺》里指出,大脑在近体空间和远体空间的工作方式是不同的，它用一个体系处理我们已有的东西，用另一个体系处理我们没有的东西。要享受已有的东西，大脑必须从面向未来的"欲望分子"（多巴胺）过渡到面向现在的"当下分子"（血清素、催产素、内啡肽等神经递质）。

在绝大多数情况下，欲望分子与当下分子是相互对抗的。当欲望分子回路被激活时，我们会陷入对未来的想象之中，当下分子会被抑制；在当下分子回路被激活时，我们更喜欢体验周围的真实世界，欲望分子会被抑制。

未来是由一系列存在于大脑中的可能性组成的，但这些可能性很容易被理想化，就像所有的购物成瘾者在看到网购平台上那些漂亮的衣物时，都会想象自己得到它们会魅力大增，这也使那些东西变得更具吸引力，促使他们不可自控地下单。

📝 划重点

当物品从想象的世界来到眼前时，它是真实的、具体的、可被体验的，需要另一套不同的大脑化学物质（当下分子）来处理它。如果购买行为是理智的，强烈的当下满足感会弥补多巴胺能激励的损失。可惜，对购物成瘾者来说，欲望回路描绘的美好情景在多数情况下都无法成为现实，当期望的奖励没有实现时，多巴胺通路就会关闭。当下的体验难以弥补多巴胺能激励的损失，失落与懊悔的情绪瞬间被点燃。

买家想要避免产生懊悔情绪，通常有三个选择：

1. 买更多的东西，继续刺激多巴胺的分泌，这是许多购物成瘾者的自动化反应。

2. 少买一些东西，预防多巴胺的骤减。要做到这一点，依靠意志力是行不通的，触底反弹只会让情况变得更糟。更为有效的做法是，从内外两方面着手。洞察购物成瘾背后的情绪因素，创造有利于戒瘾的环境，具体方法可参考前两个章节，此处不再赘述。

3. 提升当下分子对抗欲望多巴胺的能力，通过专注力与正念训练，让两者达到平衡的状态。科学研究证明，人在专注于自己所做的事情时，会感觉更快乐、更幸福。

认知心理学家布鲁斯·胡德说过："我们以为幸福来自得到我们想要的，但我们想要的往往不能让我们幸福。"在行为上瘾的问题上，我们花了太多时间来追逐快感，自认为是在寻求快乐，实际上不过是被欲望驱使。或许，我们真的应该适当地停下来，重新审视和品味已经拥有的事物，去体验真实而长久的快乐。

习惯性分心是对上瘾系统的犒赏

没有智能手机的时候,我都是自己买书或是到图书馆借书,阅读给我带来了很多益处。有了智能手机以后,我在微信里订阅了许多感兴趣的公众号,每天都能收到精彩的推送。我本以为,这样可以让我吸收到更多的知识,还能节省买书的费用。

事实证明,我想错了。历经几年的时间,碎片化阅读没有让我系统地学到多少东西,通常都是看的时候很明白,看完了就忘了。更令我痛苦的是,我已经很难专注地把一本纸质书看完,停留在书本上的注意力最多只能维持20分钟,然后就忍不住滑开手机的屏幕。

其实,没有任何人发消息给我,也没有任何要用手机协助的事情,时不时地看看手机似乎已经成了一种自动的行为模式,而且拿起来就很难放下。我不知道自己是什么时候开始变成这样的,但我很清楚,每天在手机上花费的时间比其他任何一项事务所花的时间都要多。

——为分心苦恼的晓秋

十几年前，智能手机横空出世，很少有人会想到，它的出现会重塑我们的生活方式。滑开手机，音乐、电影、社交、游戏、美食、衣服……所有能够想到的东西，都可以轻松便捷地获取。当手机电量不足、没有了网络，或是忘记带在身边时，许多人会感到焦虑恐慌、坐立难安。

手机给生活带来便捷是不容置疑的，人们喜欢看手机，最初也是因为它满足了许多相关的需求，但这并不是唯一的原因。从行为心理学角度来看，个体对于智能手机的使用方式，也就是个人的行为模式，也是导致手机上瘾的一个重要因素，它会对专注力造成严重的破坏，形成习惯性分心。

当习惯性分心形成后，会发生什么呢？就像你看到或体验到的那样：无聊时本能地打开手机，刷刷朋友圈、玩几局游戏、浏览新闻；感到情绪压力时滑开手机，看看社交网站、刷刷小视频、读一读公众号推送的文章。

当然，也可以选择用其他的方式来消遣时间、排解压力，但是哪一件事比拿起手机滑动屏幕更简单直接、更唾手可得呢？感到无聊、烦闷和疲惫就拿起手机刷一刷，历经持续的、多次的重复，形成了习惯。况且，短视频、网络游戏、社交媒体 App 等在设计上大都蕴藏着成瘾机制，所以一旦开始刷手机，就很容易"拿得起放不下"。

不仅如此，同样是半小时，刷手机感觉时间过得飞快，"撸铁"却是度秒如年；读公众号推送的文章，不知不觉就能刷完好几篇，而阅读纸质书却总是忍不住走神，一口气读完10页都很困难，其间总想去刷手机。那么，为何会出现这样的情况呢？

划重点

沉浸在刷视频、玩游戏等上瘾行为中时，会进入一种类似于"心流"的状态，多巴胺的分泌让大脑感觉时间流速变快。大量的、高频的信息刺激着多巴胺的分泌，不断强化个体的大脑奖赏回路，继而逆淘汰一切能让自己静下心来的努力。

> 起初，我只是在休息时间刷刷"小红书"，里面推送的电影介绍、生活美学都太符合我的喜好了，各种美图和走心的文案，真是让我"停不下来"。现在，我动不动就想打开"小红书"看看，似乎已经成了习惯。说实话，这感觉不是很好，因为太耽误时间了，原本上午的工作时间就只有3小时，刷两次"小红书"就到饭点了，工作效率受到很大的影响。
>
> ——痴迷于"小红书"的Ray

上瘾行为的强化，不仅体现在耐受性阈值的提高，以及对多巴胺刺激更加疯狂地追寻上，还体现在对时间和空间的任意突破上。也许，最初只是在业余时间刷会儿微博、玩会儿游戏，但由于多巴胺的持续刺激，工作学习的思绪随时都可能被上瘾系统劫持，导致注意力无法持续集中，哪怕是在状态不错的情况下也是一样。

看到这里，你还会觉得"随意中断手头事务看看手机"是一件无关紧要的小事吗？要知道，你的每一次随意中断刷手机，都是在削弱自己的专注力，这不仅是浪费时间的问题，当它成为习惯之后，就会出其不意地出现在任何一个生活环节，让你无法持续有效地完成手上的事情，无法进行深入的思考，在低效和拖延之中，延误那些不紧急却很重要的人生规划。

制造仪式感，对分心保持警觉

生活需要仪式感，工作和学习也是一样。每天正式开启晨读之前，我会利用 1 分钟的时间，闭上眼睛在心

> 中默念：在接下来的1小时里，我要沉浸式地阅读30页的书，其间不做任何分心的事情。1小时结束后，我要享受全身心投入后的喜悦与收获，也会评估和反省自己的不足。如果其间有分心，或是其他不当的时间利用行为，我会直面这些问题，在下一次阅读时不再重蹈覆辙。
>
> ——重视专注力养成的"书虫"

什么是仪式感？法国作家安托万·圣-埃克苏佩里在《小王子》里说："仪式感就是使某一天与其他日子不同，使某一时刻与其他时刻不同。"

在许多人的印象中，仪式感往往是跟庆典、聚会联系在一起的，它昭示着某件事情正式开始。实际上，这只是仪式感的表面，它的真实内涵远不止于此。

📝 划重点

仪式感预示着身份的转换，提醒自己要开启另一种状态，唤醒对所做之事保持专注的承诺。在晨读之前默念一番鼓舞自己的话，就是在制造仪式感，其用意是提醒自己珍惜早起的时光，珍惜独处的空间，沉浸式地阅读，不辜负早起的自己。

有了仪式感，不代表就可以专注地沉浸于目标之中。毕竟，人的天性就是喜欢追求各种刺激，接触新奇的事物，尤其是在已经出现行为上瘾的倾向之后，要长时间专注于单调、无趣的事物，更是一个巨大的挑战。

想解决这一问题，不仅要对分心的事物保持警觉，构建有利于戒瘾的环境，还要建立相应的干预机制，有效地破坏目前失衡的、基于本能反应的大脑运作系统，有意识地建立适合自己的正向奖赏反馈机制。

划重点

任何目标的实现都需要限定期限，也就是我们常说的"deadline"（截止期限）。没有时间期限，就不知道终点线在哪儿，更没有"deadline"越来越近的紧迫感。如此一来，目标很可能会一直被停放在远处，而自己却拖拖拉拉不肯行动，被无意义的事物抢占注意力和时间。

想要减少分心，为所做之事设置倒计时是一个有效的策略。有了时间限制，就会增加心理上的紧迫感，让每一分钟都显得格外重要。如果倒计时机制每一次都能让自己迅速完成任务，就会逐渐形成新的行为模式：一旦投入行动，就想要一鼓作气地完成目标。

划重点

在一定的时间段内,设置分心次数的上限,阻止多巴胺奖赏系统的随性联结。

如果没有规则和约束,在做重要之事的过程中,一旦受到内部或外部触发因素的影响,就很容易率性而为,想看手机就看手机,想玩游戏就玩游戏,以为自己可以"控制好时间",实则在做这些事情时,根本就觉察不到时间的流逝。

为了避免这样的情况发生,不妨以周为单位,设置分心次数的上限。比如,一周只允许分心 10 次,一旦次数用完,就不能再轻易刷手机了。如果连续一个月都执行得很顺利,那么在第二个月时,可以把每周的上限缩减为 8 次,顺利执行一个月后,再减少到每周 5 次或 3 次,循序渐进地改变习惯性分心的行为模式。

划重点

在觉察到分心时,及时从上瘾场景中抽离,有效地控制分心时长。

无论是刷视频、玩游戏，还是逛网络购物平台，一旦在做事过程中被它们召唤而分心，几十分钟很快就过去了。毕竟，那些好玩的、有趣的 App 早已经对用户的行为进行了剖析，充分地掌握了我们的兴趣点。

以新闻类 App 为例，大数据早已通过算法知晓你最关注哪一个领域的信息，而后对你实行精准投放，且所有的新闻标题都是内容发布者精心打磨过的，目的就是戳人痛点或痒点。试想：知道你喜欢什么，对你投其所好；知道你烦恼什么，给你宽心解忧。面对这样的内容推送，不点进去看看，心里总是不甘，生怕错过什么。

看完之后呢？往往会发现不过如此。退一步说，就算内容真的很有价值，碎片化阅读带来的只是瞬时记忆，没有在头脑中经过加工和理解的内容，很难在需要时为自己所用。碎片化的汲取只会让人在无意间养成泛阅读、浅阅读的习惯，深度阅读才是对大脑最好的训练。

要减少这样的情况发生，对每一次分心的时间进行控制是必要的。这种控制不是提醒自己"只能看几分钟"，而是要训练自己及时从上瘾场景中抽离的能力。比如，你正在处理工作消息时，不自觉地打开了新闻 App，看到了一个很感兴趣的标题。此时，不要去点开它，默数三个数：3、2、1，然后迅速关闭新闻 App，把注意力拉回正在做的事情上。

如果你在生活中备受低效与拖延的困扰，那么你不妨回顾一下，是不是在做事过程中存在习惯性分心的问题？切不可小觑这一问题，它不仅会让我们偏离工作目标、耽误时间、耗费精力，还会强化自身的上瘾模式，导致随意地中断手头上的事务，无法长久地保持专注。

在培养专注力、减少习惯性分心的过程中，一旦你战胜了欲望、拒绝了诱惑，把自己从分心的状态中顺利拉回到当下，哪怕只有一次，都要记住这种克服上瘾行为、保持专注的美好瞬间，并用这个微小的成功引导自己获取第二次、第三次的胜利。

在此，我制作了一个范本，可以作为参考和借鉴：

时间：2023 年 4 月 13 日 上午 9：20

地点：办公室

分心时长：10 分钟

事情经过：我在处理工作文档时，想到今天的健身动态还没有更新，就顺手打开了手机，进入了 App。刷了一下好友的动态后，又想看主页推送的内容。此时，我意识到自己在分心，就果断地把手机放下了，继续处理工作。直到午饭时间，我都没再碰触手机，这感觉很棒！

培养正念专注力，改变上瘾脑回路

> 真正的奇迹不是在天空飞行，而是行走在土地上。当你真正享受走路的那一刹那，就会感觉到脚下的大地是那么的宽广有力，支撑你前行。两边的景色是那么让人心旷神怡，好像自己以前从来也没有注意过。
>
> ——一行禅师

哈佛大学的研究者通过 iPhone 上的一个应用程序追踪了 2250 名成年人，在每天的不同时段询问他们："此时此刻你所想的事情，是否与你此时此刻所做的事情不一样？"研究发现，当人们心中所想的事情和当前所发生的事情不一样时，人们容易感到闷闷不乐。

上瘾的本质，就是为了逃避或转移某些负面感受，沉迷于某种物质或行为带来的愉悦感受，从而形成强大的惯性行为模式，引起大脑神经系统的改变。要摆脱行为上瘾，靠意识层面的力量几乎是不可能的，因为人有趋乐避苦的本能，而多巴胺奖赏系统的机制格外强大，面对充满刺激的高频事物，想要说"不"极其困难。这就使行为上瘾者陷入了一种纠结拧巴的状态：明知道自己该做什么，却无法停止让自己分心的上瘾行为，心中所想和当前所做的事情完全相悖，一边厌恶懊恼，一边听之任之。

有没有什么办法，能够让深陷上瘾行为——"刷屏、刷新闻、期待下一个未知内容"中的人，及时抽离所陷入的环境，做自己真正想做的事情呢？

答案是：有的！上瘾是因为大脑在不断刺激、脱敏和敏化的过程中，前额叶功能退化，最终导致行为无法自控。对此，我们可以通过长期的正念练习来改善行为上瘾。

2003年，美国权威神经科学家理查德·戴维森与正念冥想大师乔·卡巴金开展了一项调查研究，即八周的正念练习对人脑产生的影响，结果显示：研究对象的左侧大脑的前额叶区活动明显增加，这部分脑区与自控力和积极情绪调节有关。

与之相似的实验还有很多，这些研究都表明，长期的正念练习可以改变大脑某些区域的结构和机制，尤其是成瘾者大脑里强大的神经回路。那么，到底什么是正念呢？

✏️ 划重点

乔·卡巴金将正念定义为，有意识地、不做评判地专注于当下而升起的觉知。

当欲望分子出来作祟，怂恿你分心重复上瘾行为时，不要即刻去做，用3分钟的时间进行正念练习：观照、感知自己当下的状态，不评判地观察自己的欲念与渴望，静静地去观察、感知，不去否定批评，也不采取满足欲念的行动。这样待上3分钟，前额叶的力量就会被调动起来，而欲念之火也会逐渐冷却。此时，多巴胺的诱惑就变得没那么有吸引力了。

划重点

在正念练习中，无论是正面的体验还是负面的感受，都要保持观照，静待它们涌起、变化和消失，不依靠上瘾行为去转移和逃避。经过长期的、多次的训练，在面对上瘾冲动时，就可以有效地保持观照和不反应。

正念强调的是时刻保持专注的状态，自知而警觉地去处理事务，让自己成为任务的主人，而不是被随时冒出来的内外触发因素牵着鼻子走。这种专注力不是与生俱来的，因为人类大脑的天性就是喜欢寻找新鲜事物，追逐各种刺激，偏爱接触高频的事物。时刻保持专注要付出极大的努力，有违人的天性。所以，想要拥有专注力，需要后天不断地练习。

当我们学会、理解并保持正念，可以让身心状态变得稳定。身心越稳定，人越容易保持平静，并能够更好地应对脑海中的念头、想法和情绪，全情投入有益于人生和自我成长的事情中，不辜负每一个宝贵的瞬间。为了更好地培养专注力，需要先掌握正念呼吸法，它可以让人快速而有效地进入正念状态，也是其他正念方法的基础。

平日里，你可以按照下列步骤来练习正念呼吸：

1. 先找到一个不会被打扰的地方，光线昏暗一点会更好。
2. 选择一个舒服的姿势坐下来、闭上眼睛。
3. 从鼻腔缓慢地吸气开始这个练习，确保自己在吸气时专注于气体进入鼻腔的感觉。接着，依次把注意力集中在鼻孔的感觉、胸腔扩张的感觉，以及气体从口中离开身体的感觉。
4. 纯粹地关注自己的呼吸，如果实在难以做到，可以借助数数来进入状态。通常，数自己的呼吸，从1数到10，再从10数到1，然后就可以结束这次呼吸练习了。

利用正念抵御网络瘾品的诱惑

当我被电话或访客打断的时候；当我感觉自己走

> 神的时候；当直觉告诉我，我并没有很好地利用时间的时候；当我发现自己很可能会拖延某项工作，或是中途停止重要任务的时候；当我同时应付两个不同项目、忙得焦头烂额，或是转向其他工作的时候……总之，当我不确定自己到底应该做些什么的时候，我都向自己提出"拉金问题"——我现在最应该做什么？
>
> ——擅于自我管理的艾达

日本学者对于时间浪费进行过一次调查，结果显示：人们通常每 8 分钟会受到一次打扰，每小时大约 7 次，每天 50~60 次。每次被打扰的时间大约是 5 分钟，每天被打扰的时间加起来有 4 小时左右，相当于工作时间的一半。

在这些被打扰时间中，有 3 小时的打扰是没有意义和价值的，而在被打扰后重拾原来的思路，至少需要 3 分钟，每天就是 2.5 小时。这一统计数据显示：每天因打扰而造成的时间损失大约是 5.5 小时，按照 8 小时工作制算，占据了工作时间的 68.75%！

上述提到的"打扰"大都来自外部，若存在手机上瘾等问题，时间损失还要增加，工作效率也会进一步打折。毕竟，手机与网络是一个极具"杀伤力"的战场，是多数渴望摆脱行为上瘾者要应对的巨大挑战。

那么，面对五花八门的网络瘾品的诱惑，我们该如何利用正念来抵御呢？

> 方法1：每小时提一次拉金问题

20世纪70年代，阿兰·拉金创造了"拉金问题"：此时此刻，我的时间最好用来做什么？当工作或学习任务中断、分心走神、效率不高、需要临时作出决策时，正是提出这一问题的最佳时机。

✎ 划重点

想要摆脱行为上瘾和习惯性分心，在戒瘾初期，不妨每小时向自己提出一个"拉金问题"，确保自己当下正在专注于重要的、该做的事情；一旦发现自己在从事与既定任务无关的事宜，可及时把注意力拉回。

> 方法2：及时抽离所陷入的环境

当你想在淘宝上购买一盏美术灯时，轻轻点开淘宝App，手机页面上会呈现一堆"限时特价"字眼的商品，还会冒出符合你日常喜好的衣服、鞋子等精美图片。此时，你要做的就是锁定搜索栏，输入"美术灯"，静待相关商品弹出。接下来，选择满意的型号或品牌，直接下单，然后退出App。

其间，你可能会涌起点击其他商品的冲动，还可能会遇到网速慢、图片无法呈现等情况。无论是哪一种，都要提醒自己——"我现在要做的是买美术灯""我知道自己正在做什么"，然后专注于目标。如果真的存在网络问题，不必打开其他App去测试网络，可以暂时搁置这件事，另外找时间购买。

方法3：浅尝辄止，不看"下一个"

划重点

大量的科学研究表明，对事物的期待本身产生的多巴胺，远比真正得到这个事物后产生得多！特别是当"下一个"充满了不确定性，不时地给人惊喜时，这种期待效应会更容易令人上瘾，欲罢不能。对此，可以利用正念提醒自己"没有下一个"，训练自己浅尝辄止的能力，避免被多巴胺奖赏系统所支配。

方法4：不纠结于之前的错误

几乎没有人可以一次决绝地戒除上瘾行为，即便设立了规则与限制，也难免会有"违规"的时刻。面对失败的经历，不少戒瘾者会产生强烈的自责心理。结果，陋习尚未消除，懊悔又如影随形，这种状态严重影响戒瘾者的信心。

> 我原本打算这一周都不吸烟，前两天坚持得很好，但是周三那天下午，由于工作没有进展，心情烦闷的我忍不住向同事借了一根烟。说实话，吸第一口之后，我就后悔了，感觉自己太没出息了，戒烟的决心似乎也动摇了。那天晚上，我在家里抽了好几支烟，有点"破罐子破摔"的感觉。总而言之，一周的戒烟计划就这样以失败告终了。
>
> ——正在戒烟的小C

面对这一常见情形，我们需要秉持正念，过去是过去，现在是现在，不必把之前的错误带到此时此刻，在觉察到问题的那一刻，就是一个全新的开始。如果意识到了问题，却仍然为过去懊悔，那就错失了新的机会。

划重点

没有人能够从一开始就知道如何掌控全局，每一次经历都是很好的学习过程。每一分钟、每一小时、每一天都可以是新的起点。一直背负懊悔的情绪，反复纠结和自责，就会陷入反刍思维。这种思维方式会加重负面情绪，进一步诱发上瘾行为。

小 C 在戒烟计划中所犯的错误,也给了我们一个启示:摆脱戒瘾行为要循序渐进,起初可以从最简单的 1 小时开始,只要这 1 小时维持住了,即可宣告成功。这 1 小时的成功体验,会给下 1 小时带来激励和鼓舞,促进积极正向的循环。渐渐地,这种细分到小时的好状态就可以拉长到半天、一天、一周……在不知不觉中消除习惯性分心,摆脱上瘾模式。

正念饮食:食物成瘾者的自我救赎

> 弟子问师父:"究竟什么是禅?"
> 师父:"吃饭时吃饭,睡觉时睡觉。"
> ——禅味故事

"吃饭时吃饭,睡觉时睡觉",看似简单的一句话,实则意味深长,它体现的是全情投入于当下的专注,体现的是正念的力量。行为上瘾与负面情绪密切相关,正确地识别自己的感受和情绪,秉持接纳、不评判的态度,知晓这些情绪出现时会有哪些心理和生理反应，是摆脱行为上瘾的一个重要的自我救赎之法。

> 35岁的我，经人介绍认识了Lee。我们一见如故，原本约好周五晚上去吃西餐，结果他在约定时间前1小时，以"身体不适"为由取消了这次约会。我很难受，觉得自己被轻视了，脑子里立马冒出一个念头：他不喜欢我。
>
> 庆幸的是，我觉察到了这一点，并提醒自己：这只是一个想法而已。同时，我也意识到，听到Lee取消约会的那一刻，我心跳加速，面部肌肉紧绷，那感觉很像上一次恋爱失败时的糟糕体验。瞬间，我很想点一份重口味的食物来安慰自己，但我没有这么做，而是努力把自己拉回到当下，选择跟自己的真实感受相处。
>
> 我意识到自己内心深处希望跟Lee建立深层的情感连接，同时也很看重自尊心。当晚，我一个人去吃了西餐，用正念的方式品味了每一道菜，让味蕾和心灵都体验到了满足。
>
> 周六早上，我给Lee打电话问候，得知他感冒了。对于临时取消约会的事，他向我诚恳地道歉。我很开心，不只是因为确定了Lee在意我的感受，更因为我没有用

> 糟糕的方式去逃避情绪和感受，我学会了跟自己相处。
>
> ——戒掉食物成瘾的 Lisa

这就是生活中很常见的一个情境，Lisa 遇到的问题让她当下感觉不舒服，可她没有急着用上瘾行为去解决，而是选择了与自己的感受待在一起，从中了解一些信息，并做出更加成熟理性的选择：温和坦诚地与对方沟通，用爱和关注来善待自己，善待他人。

与此同时，Lisa 还提到，她用正念饮食的方式去享受西餐，这是一个很棒的选择，它不仅适用于食物成瘾者，对所有想要训练专注力、与自我感受连接的人而言，都是一个简单易行的正念训练方法。毕竟，不是谁都能够保证每天抽出 5 分钟做正念呼吸或冥想的训练，但借助一日三餐来践行正念饮食，却不难做到。

正念饮食，就是静下心来好好地吃一顿饭，充分关注自己的食物、渴望以及进食时的身体感受。那么，正念饮食都包括什么，又该如何实践呢？

Step 1：仪式

引导自己的意念安静下来，提示自己要认真对待吃饭这件事。饭前的仪式可以有多种形式，如认真洗手、放一段轻柔的音乐、拍一张精美的照片……只要是为了好好吃饭而进行的准备，都可以成为一种自然而然的仪式感。

Step 2：专注

一心一意地吃饭，不看电视，不看手机，不思考工作，放下所有的杂念，把当下这一刻的心理、情感以及身体上的状况，与意念融为一体，即所想和所做达成统一。如果吃饭的同时做其他事情或是心不在焉，就无法充分感受吃饭这件事带来的满足感和愉悦感。

Step 3：慢食

无论身在何处，与谁一起，都要放慢吃饭的速度。大脑和胃需要花费 20 分钟的时间，才能够就饱腹感达成一致。进食速度过快，往往在感觉饱的那一刻，已经吃掉了过量的食物。放慢速度，可以观察到自己生理上的饥饿程度，在真正感到饥饿的时候，再继续进食。

Step 4：细品

吃东西本身是值得享受的一件事，要细心去品尝不同食物的味道，让每一份入口的食物，都能在味蕾中停留，散发出绵长的满足感。就如最寻常的米饭，你能否在吃第一口饭的时候，触到它的温度，嗅到它的香味，感受到它的软硬度，以及米饭本身的香甜味道？

Step 5：半饱

身体和心灵都需要"留白"，不能占得太满。所以，吃饭吃到七八分饱就可以，太少了会饿，太多了会撑，胃里感到舒服，心里也会感觉平静。

Step 6：清淡

清淡，是指在膳食平衡、营养合理的前提下，口味偏于清淡的饮食方式：减少炒、爆、煎、炸、烤，尽量选择清蒸、白煮、凉拌等，少加调料，让所有的食材都保持最本真的风味，保留最大的营养价值，减轻脾胃消化的负担。这样的饮食，更能给人带来祥和、宁静和健康。

正念饮食，需要花费时间和心思进行刻意练习。最开始的时候，可以每天选择用一顿饭来练习正念饮食，待自己进入了状态，找到了感觉，再慢慢增加正念饮食的频率。

辑 08

重塑习惯
把好习惯变成无意识行为

习惯＝暗示＋惯常行为＋奖赏

> "很多人可能认为，我们每天做的大部分选择都是深思熟虑决策的结果，其实并非如此。人每天的活动中，有超过40%是习惯的产物，而不是自己主动的决定。"
>
> ——《习惯的力量》

成瘾的机制很复杂，但科学研究人员普遍认为，许多与成瘾有关的行为都受到了习惯的驱动。无论是酒瘾、烟瘾，还是游戏瘾，成瘾者的强烈渴求感通常并不是因为生理需要，而是在回味以前使用瘾品时获得的愉悦感，它是一种行为性习惯。

值得庆幸的是，任何习惯都是可以改变的。大量的临床研究证实，改变成瘾行为的周边习惯是戒除成瘾最有效的治疗方法之一。这也意味着，如果我们了解了习惯的运作机制，以及它们的形成和改变过程，便可以更加轻松地改善行为上瘾。

划重点

研究大脑与行为的科学家认为，习惯之所以出现，与大脑的惰性本能有关。从能量消耗角度来说，人的大脑一天所需要的能量占总能量的20%。在远古时代，保存能量对于人类生存是必要的。所以，大脑的惰性是进化保留下来的生存机制。如果让大脑自由发挥，它会让几乎所有的惯常行为变成习惯，因为这样可以让大脑得到更多的休息。

那么，习惯是怎么形成的呢？

20世纪90年代，麻省理工学院的脑科学家们设计了一个小鼠走迷宫的实验：起初，小鼠在迷宫门口等待，迷宫隔板打开后，发出"咔嗒"的声音。接着，小鼠开始在迷宫里到处走，最终它们找到了正确的路径，吃下迷宫终点放置的巧克力。

通过提前在小鼠脑部植入的微型电极，脑科学家们可以观察到小鼠走迷宫时的大脑活动，并获得了颇有价值的发现：刚开始实验时，小鼠在走迷宫的全过程中，脑活动都很剧烈；当实验进行了数百次后，小鼠完全熟悉了走迷宫的正确路径，快速前进就成了一种习惯，在穿过迷宫时，大脑基本上没有什么剧烈活动。

划重点

通过小鼠走迷宫的实验，科学家们得出一个重要的结论：习惯是神经系统的自然反应。习惯的回路由三个环节组成，即暗示、惯常行为、奖赏。

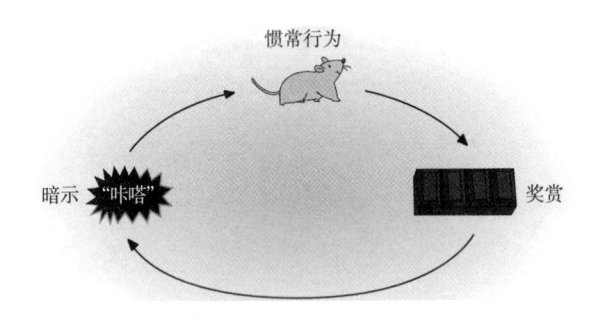

在上述的实验中，习惯回路的三个环节分别如下：

第一步：暗示——打开迷宫门的"咔嗒"声，告诉老鼠要开始走迷宫了。

第二步：惯常行为——小鼠四处乱走，直至找到通往迷宫终点的正确路径。

第三步：奖赏——吃下巧克力，体验到愉悦感。

经过多次重复，这个由暗示、惯常行为和奖赏组成的回路，变得越发自动化，习惯由此诞生。此时，大脑不需要再参与决策，整个过程自动发生、毫不费力。

看完这个实验，想必你就理解了，为什么精英们总说"优秀是一种习惯，高级的自律是无须自律"。我们的行为很多都是自动反应或对于某种需求或紧急状况的应激反应。当一个行为变成了深入骨髓的习惯后，做起来就是自然而然的。好习惯是这样形成的，行为上瘾也是这样形成的。

划重点

如果把暗示和特定的奖赏关联起来，大脑中就会出现潜意识的渴求，让习惯回路继续运转。行为上瘾就是这样产生的：把暗示（内部或外部的触发因素）、惯常行为（上瘾行为）和奖赏（各种不确定的随机奖赏）组合在一起，培养出一种渴求来驱动这一回路。

吸烟者看到货架上的香烟盒时，大脑就会开始预期尼古丁的味道，想象吸烟时的愉悦感，产生对尼古丁的强烈渴望。如果没有吸到烟，这种渴求就会持续增强，直至吸烟者不经思考掏出兜里的香烟，再将它点燃。

手机上瘾者听到通知提示音响起时，大脑就会开始预期"奖赏内容"：是谁给我发了消息？是谁给我点赞或评论了？此时，想要中断手头任务、点开手机查阅消息的强烈渴求就会冒出来，倘若这一渴求迟迟不能得到满足，它就会变得越发强烈，直至成瘾者扔下工作、滑开手机屏幕。也许那条信息只是一条垃圾广告，但他还是要去查看，以满足大脑的预期。

科学家曾经研究过酗酒者、吸烟者与暴食者的大脑，测量他们在渴求加剧时的神经变化，并得出结论：当习惯特别强时会让人出现成瘾反应，即需求变成了令人难以自拔的渴求，这种变化让大脑进入了自动运转的状态，甚至在面对前途名誉尽毁、失去工作和家人等抑制因素时，也无法停止。由此可见，行为上瘾与习惯回路密不可分。

坏习惯无法消除，但可以被替代

我有暴饮暴食的习惯，这让我的体重在两年里骤增了三十多斤。为了让体重掉得快一点，我开始尝试"断碳"的方法：早上吃2颗鸡蛋，中午吃牛肉或鸡肉，晚上吃一颗番茄或一根黄瓜。咬牙坚持了半个月，果然10斤的体重离我而去，可是副作用也很明显，我变得蔫头耷脑、郁郁寡欢，对什么事情都提不起兴致。

单一饮食的乏味让我感到厌倦，我开始逐渐补充一些其他食物，可仍然不敢碰碳水类的食物，将其视为"拦路虎"。我依靠意志力坚持了一个月，可在第33天时，我彻底投降了。看到米饭、面包、蛋糕、糯米等食物后，我完全丧失了抵抗力，假装用"欺骗餐"安慰自己，一股脑吞下3个粽子、1个面包、1碗米饭……我心里很清楚，"欺骗餐"不是这样的吃法，我是在为自己的放纵和补偿心理找借口。

那一顿"欺骗餐"吃完后，我仍然控制不住吃东西的欲望。没过一周，我就故态复萌了。减掉的那10斤体重，很快又华丽丽地回涨。我被焦躁和自责裹挟了，内心有个声音不停地指责我：这辈子你就这样了，吃死你、肥死你算了！

——被食物成瘾困扰的蕾蕾

当我们想要改掉一个坏习惯时，第一反应往往是不做这件事，就像试图用"断碳"减肥、告别暴饮暴食的蕾蕾，她一直提醒自己：我不能吃碳水，碳水会让我长胖，让我暴食。结果，越强迫自己不做什么，越是事与愿违，难以自控。

为什么会这样呢？我们分别从潜意识和习惯两个方面来解析。

划重点

潜意识不会处理否定性字眼，当你告诉自己："千万不要去想一头粉红色的大象"时,出现在脑子里的往往就是一头粉红色的大象;当你告诉自己:"千万不能抽烟"时,大脑对烟的渴求会比之前更强烈。

在应对行为上瘾的问题时,如果你试图用告诫的方式限制自己的行为,如不能玩游戏、不能吃甜品、不能刷视频、不能喝酒等,大概率是无效的,因为潜意识只会关注这些关键词:游戏、甜品、视频、喝酒,它不懂得处理否定字眼,也无法分辨是非对错。

划重点

每一个习惯在大脑中都有相对应的神经回路,这种回路一旦建立,基本上是无法消除的。只要大脑的基底核完整无缺,习惯性的暗示就会不断出现,行为也会自动发生。

麻省理工学院的科学家们,曾经多次进行大脑基底核实验:他们先训练小鼠走迷宫,当小鼠形成习惯回路后,通过改变奖品的位置来消除小鼠的这种习惯。然而,当他们把奖品重新放回老地方,再将小鼠放进去,小鼠的旧习惯又会重现。通过这一实验,科学家们得出结论:习惯从来都不会消失,它已经被嵌入大脑的结构中。

从某种意义上来说,这对于人类而言是有好处的,熟练掌握了一项技能之后,就不需要每次重新学习了。比如,你学会了游泳,即便两三年没有下水,但你的大脑还会记得这一习惯回路,再次下水之后,很快就能重新游起来。

真正麻烦的是,大脑无法分辨好习惯和坏习惯。只要你建立一个习惯,它就会一直蛰伏于你的大脑之中,等待着对应的暗示出现。这也意味着,一旦形成了坏习惯或是行为上瘾,想完全把它从生活中消除,像从来没有发生过一样,是不可能实现的。

划重点

这是一个扎心的真相,却也是一个有价值的提醒,一旦你知道了习惯无法被消除,就不必再费心费力地与之对抗了。无法消除,不代表束手无策,科学家已经在实验中证实:尽管小鼠的旧习惯无法消除,可是通过改变奖品的位置,可以让小鼠形成新的习惯回路。如果我们学会控制习惯回路,同样可以把坏习惯和上瘾行为压制到幕后。

改变上瘾行为的"黄金法则"

> 我从小就有咬指甲的习惯,那些被咬得脱皮露肉的指甲,看起来又丑又可怕,我从来不敢在人前把它们露出来。为了戒掉这个习惯,我尝试过很多办法,比如涂指甲油、靠意志力忍着,但都没什么用。最后,我还是在咨询师的帮助下,找到了解决问题的正确方法。
>
> 每次咬手指之前,我先是会感觉手指不舒服。然后,一摸到皮肤上的倒刺,我就忍不住开始咬,直至把所有地方都咬完,才会感觉舒服。做这件事情的情境,大都是在无聊的时候。咨询师提醒我,"手指不舒服"是我咬指甲的暗示;咬完后感到充实和满足,是这一惯常行为的奖赏,我渴望得到实质的刺激。
>
> 咨询师告诉我一个方法:每当感到手指不舒服时,就把手放进口袋,或是拿一些东西,让自己没法把手指伸进嘴里,再做一些可以获得实质性刺激的事,比如握拳头、敲桌子。真的很神奇,用了这个方法后,我第二周只咬了三次指甲,一个月以后竟然不再咬指甲了。
>
> ——戒掉咬指甲行为的麦子

咨询师推荐给麦子的方法,并不需要调动太多的意志力,都是一些简单的日常操作:把手插进口袋、拿一些物品、握拳头、敲桌子。然而,就是这些"小动作",却解决了困扰麦子多年的行为问题。那么,这一方法的"玄妙之处"到底在哪儿呢?

✎ 划重点

想要改变习惯,必须留住旧习惯回路中的暗示,提供旧习惯回路中的奖赏,同时插入一个新的惯常行为。这是习惯改变的黄金法则,如果暗示和奖赏不变,只要换掉惯常行为,几乎所有的习惯都可以被改变。

习惯回路有三个环节,即暗示、惯常行为、奖赏。对麦子来说,咬指甲的习惯回路是这样的:感觉手指不舒服、摸到皮肤上的倒刺,这是一个暗示。接着,她会习惯性地咬指甲,这是惯常行为。在倒刺全部咬干净之后,感觉充实和满足,这是奖赏。

她之前采用的戒断方式(如涂指甲油、忍着不去咬),相当于切断了习惯回路中的行为部分。可是,手指不舒服的暗示还在,而她又渴望获得实质性的刺激。这个时候,除了咬指甲,还能怎么办?面对强大的习惯回路,她只好"乖乖就范"。

咬指甲的行为习惯已经形成，伴随了麦子很多年，它是无法被消除的。但是，习惯改变的黄金法则告诉我们，习惯是可以被替代的！咨询师告诉麦子的方法，其底层逻辑就是用全新的行为（敲桌子、握拳头）去替代原来的固有行为（咬指甲）。

当她感觉手指不舒服时，立刻握拳头或敲桌子，一开始可能会有点儿别扭，但反复练习一段时间后，这些新的行为就会渐渐替代咬指甲的旧行为，继而形成新的习惯回路。

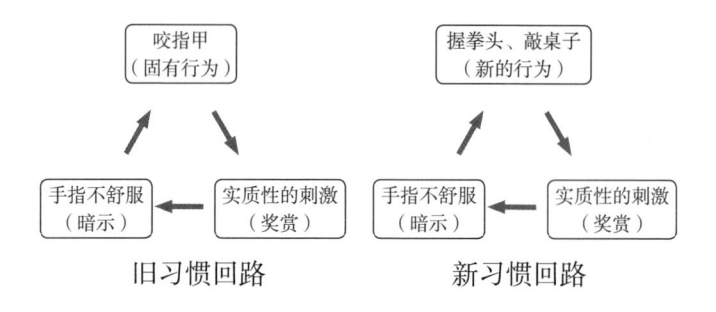

```
         咬指甲                    握拳头、敲桌子
       （固有行为）                 （新的行为）
         ↑   ↓                      ↑   ↓
  手指不舒服 ← 实质性的刺激    手指不舒服 ← 实质性的刺激
   （暗示）     （奖赏）         （暗示）     （奖赏）

       旧习惯回路                   新习惯回路
```

这条黄金法则的适用性很广，对强迫症、酗酒、吸烟、食物成瘾、手机上瘾等多种具有破坏性的行为都有效用。改变的原理和过程不难理解，但在实际操作过程中并不轻松，它需要找到驱动行为的暗示、渴求和奖赏，同时还要有改变的决心和信心。

假设你想戒掉购物成瘾的习惯，那你不妨想想：奖赏是让自己不再觉得无聊，还是逃避困难的工作？如果是想摆脱无聊，可以选择看优质的纪录片，用观影学习的方式充实闲暇的时间；如果是想逃避棘手的工作，可以选择阅读相关的书籍，提升技能和自信心。

习惯具有可塑性，了解改变习惯的黄金法则，在保持相同暗示与奖赏的前提下，植入全新的惯常行为，可以逐渐改掉上瘾行为。也许，第一次做的时候会有些困难，你需要保持耐心和信心，因为它会一次比一次容易。在经过多次的重复后，一切将变得半机械化，甚至几乎完全不需要意识参与就可以做到。

你的选择决定了你的习惯，你的习惯决定了你的人生。现在，你已经知晓了改变习惯的方法，行动起来吧！找回掌控自我、掌握人生的力量。

从微行动入手，养成新的惯常行为

习惯这个东西，具有水滴石穿的力量。一件微不足

> 道的日常小事，如果你坚持去做，就能胜过那些艰难的大事。
>
> ——著名小说家安东尼·特罗洛普

美国罗德岛大学的研究员詹姆斯·普罗查斯卡说："运动对人有很大的影响，它包含某些让其他好习惯更易形成的因素。"这种说法不是空穴来风，近十年的调查研究显示：当人们开始养成运动的习惯时，哪怕只是一周一次的运动，也会不知不觉地改变其他与之无关的行为模式。通常来说，有运动习惯的人饮食更健康，睡眠更好，工作更有效率，也更少吸烟。

在戒除行为上瘾的过程中，如果你不知道该用什么活动来替代固有的行为，不妨将运动作为一个通用选项。看到这里，不少朋友可能会感叹："我当然知道运动有很多好处，但是坚持运动真的太难了！"这种心情和感受我完全理解，因为六年前的我，几乎每天都挣扎在"要不要运动"的边缘。不过，现在的我已经彻底摆脱了这种状况，顺利把运动融入了日常生活，要是三天不运动，反而觉得不舒服，这就是习惯的力量。

习惯是可以塑造的，如果此刻的你感觉养成运动的习惯实在太艰难、太痛苦，那么我想提醒你，可能是方法错了！下面的内容你一定要仔细阅读，它会详细地告诉你，如何在没有痛苦中顺利地养成一个全新的惯常行为。记住，可不只是运动哦！

✏️ 划重点

> 从福格行为模型的角度来说，能力是维持习惯最关键的要素。想要让行动发生，最好的办法就是降低完成任务的难度，最好让它简单到不可能失败，就算没有动机也可以做到。

如果你在制订运动养成计划之后，总是无法顺利地执行，那么你应该做的不是自责和懊悔，而是反思：是什么让这件事情变得如此之难？

福格认为，答案可能涉及以下五个能力因素：

1. 你是否有足够的时间？
2. 你是否有足够的资金？
3. 你是否有足够的体力？
4. 这个行为是否需要许多创意和脑力？
5. 这个行为符合你现在的日程吗？还是需要做出调整？

上述的五个因素构成了一条能力链，能力链的强度取决于其中最薄弱的一环。

晓帧给自己制订了每天跳绳 30 分钟的计划，可是执行效果很差。原因在于，她只有想跳绳的动机，却没有这一行为的暗示；更重要的是，跳绳30分钟的难度太大，只有在动机非常强烈时，她才能够完成这一运动计划。

对晓帧来说，在家跳绳不需要花钱，也不需要创意和脑力，最大的阻碍就是时间和体力。有时，遇到了加班的情况，整个人疲惫不堪，完成运动的难度就更大了。所以，她需要调整自己的日程安排，把跳绳这件事放在晨起后，运动时间从30分钟降低到3分钟。

3分钟？对，你没看错，就是3分钟！早晨的时间再紧张，3分钟也是可以抽出来的；就算前一天比较累，早起完成3分钟的跳绳，也是不难的。

也许你会质疑，晨起跳绳3分钟，是不是太短了？能达到运动的效果吗？

这并不重要，重要的是告别停滞不动的状态，开始把跳绳这一行为融入生活中。相比过去而言，她成功地做到了每天运动，对不对？重复这个行为的次数越多，她就越熟练，而由此产生的成功感也会激励她在第二天继续做这件事。通过一次又一次重复微小行为，让它扎根于日常生活中。如此，能力链中的薄弱环节就变得越来越牢固。

也许你还有疑惑，晓帧需要多久才能实现跳操30分钟的初始愿望呢？

划重点

习惯和植物有相似之处,会按照自己的速度以不同的方式长大。通常来说,习惯形成的时间取决于三个要素:执行习惯的人、习惯本身和情境。因此,没有人可以给出明确的时间,说某个习惯具体需要多久才能完全成形。

改变需要过程,假设晓帧在历经 1 个月后,把每天晨起跳绳的习惯延长并保持在 15 分钟,那就已经很不错了。再让她延长时间,她可能就要调动意志力,这会让她感到辛苦并丧失兴趣,这两者都会削弱习惯的生长。

大物始于小,培养习惯也是同样的道理,从小处和简单的着手,习惯成自然,就会根植于生活,自然地成长。现在,你可以结合自己的实际情况,把某一件你一直想坚持做,却又没有实现的事情,用微习惯策略来进行设计,尝试把它自然地融入你的生活中。

塑造新习惯，固定流程必不可少

> 我每天上班要搭乘 40 分钟的地铁，以前我也和多数人一样，上了地铁就掏出手机，看看新闻、刷刷淘宝、读两篇公众号的文章，时间也就过去了。后来，我就把这段时间改为读书，上地铁之前用手机设定好"到站提示"，一上地铁就开始读，全身心投注在书本上，时间过得也很快，但我的收获比过去多，一个月下来，竟然读完了四本书。现在，只要上了地铁我就习惯性地打开 Kindle 读书，基本上已经成了习惯。
>
> ——地铁里的"读书族"小茜

孩童时期，父母可能会每天提醒你，早晚要刷牙，爱惜牙齿。这个时候，早晚各刷一次牙，就成了你要完成的目标。十几二十年过去后，你已经不需要任何人提醒，早晨起床后会第一时间完成洗漱事宜，睡前也很少会忘记刷牙，这件事情已经成了一种固定流程。

小茜在进入地铁车厢后，拿出 Kindle 阅读 40 分钟，同样的场景、同样的时间、同样的行为，经过多次重复之后，也变成了一种固定流程。今后，无论是不是工作日，只要一踏上地铁，她就会随手把 Kindle 拿出来阅读，以这种方式度过漫长而无聊的乘车时间。

现实生活中，还能找出许多相似的情形，它们都充分说明了习惯的养成与固定流程密不可分。如果让事情随意发生，行为很容易被其他的事件影响，把想塑造的习惯按照固定的模式来做，建立固定的流程，更有利于形成习惯回路。

那么，我们该怎样建立固定流程呢？

Step 1：规定在同一时间、同一地点做同一件事

心理学家发现，塑造意图能够让完成任何活动的机会翻倍。有了明晰的意图，相当于把大脑边缘系统调整到"想做就做"的状态：接到暗示后，省去反复思考的过程，直接行动。把一件事情做到"不用思考、纠结就能去做"，是养成习惯的重要前提。

在建立固定流程时，不妨设置一个固定的操作仪式，尽可能地让环境中的变量，特别是时间、地点和做法，保持稳定。

○ 每天早上 6 点钟练习口语，时间 15 分钟

○ 每周六下午3点钟游泳，时间1小时
○ 每周日早餐后，对家里进行大扫除

Step 2：不随意更改流程，坚守固定的规则

刚开始建立一个固定流程时，我们可能会给自己制造借口，试图逃避行动；还可能因为一些客观原因，难以完成既定的任务量。无论是哪一种情形都必须谨记：固定流程需要重复才能加强，每暂停一次，习惯就会削弱，下一次要坚持会更难。

在习惯养成之初，塑造身份的转变，比把注意力集中在想要达到的目标上更重要。对于客观原因，如生病、精神状态不佳等，可以适当调整任务量，但不能打破规则。

比如，你想养成规律运动的习惯，规定第一周每天跑3公里，但在第4天的时候，你感觉体力不支，无法完成3公里的量，那么你可以把任务调整成"快走3公里"，只要做了就值得肯定，因为你维持住了"规律运动者""健康生活者"的全新身份。

Step 3：不要贪多，一次着力于一个重大改变

不要期望同时养成多个习惯，一次性设定太多的改变，

远远超出个人意愿与自律的有限能力，很容易就会故态复萌。这不仅会打破原来的计划，还会给自己带来负面情绪。

习惯是慢慢养成的，欲速则不达，每次全身心地投入一个重大的改变，每一步都设定一个可行的目标，成功的概率会更大。

Step 4：追踪习惯，为努力提供视觉证据

詹姆斯·克利尔在《掌控习惯》中指出："视觉提示是我们行为的最大催化剂。出于这个理由，你所看到的细微变化会导致你行为上的重大转变。"

我常用的一款健康生活的 App，里面有饮食记录（热量）、运动课程，以及自己的身高、体重、围度、减脂或塑形目标记录。每天记录饮食，可以直观地看到热量摄入；每周固定时间记录体重，它会随着时间的推移，自动生成变化曲线，以及你完成计划的进度，一目了然。我用这款 App 已有两年的时间，它也的确帮我养成了记录饮食的习惯，让我知道自己每天的摄入量有没有超标，营养是否均衡，以及每日的运动消耗。

Step 5：设立反馈机制，阶段性地进行奖励

芭芭拉·奥克利在《学习之道》中说："我们之前的习惯，强大之处在于它能造成神经层面的欲望。想要克服之前的欲望，就要给予适当的奖励。只有当你的大脑开始期待这个奖励时，关键的转变才会发生，你才能养成新习惯。"

坚持是持久变化的关键，但长期行动需要时间。很多时候，我们不愿意做一件事，恰恰是因为没有看到任何积极的改变。可是，看不到进展不意味着它没有发生，正如詹姆斯·克利尔所说："我们很少意识到的是，突破时刻的出现，通常是此前一系列行动的结果，这些行动积聚了引发重大变革所需的潜能。"

为了让自己体验到有所进展的感觉，在习惯养成的过程中，一定要设立反馈机制，让自己为某个目标投入的频次、时间可视化，并在完成阶段性的小目标后及时给予反馈。当自己完成了 15 天、30 天、60 天、100 天的阶段性里程时，送给自己一件喜欢的礼物，在进步中获得鼓励。这样的做法，也可以让我们不再过分关注结果，转而去享受追求结果的过程，当某一行为与愉悦建立联系后，这个行为就更容易延续下去。

养成习惯是一个循序渐进的过程，需要慢慢来、持续走，从微习惯开始，随着愉悦感与成就感前进，最终使其成为一种自发的行动，来抵消主观意愿与自制力的局限，从而帮助我们在不知不觉中成为更好的自己，做更多有意义的事情。

后记

习惯始于细微,长于循环往复。

这本书解析了行为上瘾的生理基础、环境影响和心理影响,同时也诠释了习惯养成的回路。无论是好习惯还是坏习惯,在形成路径上都是相似的。值得庆幸的是,我们都有能力做出选择和改变,掌控自己的行为与人生。

本书在撰写的过程中,参阅了大量的脑科学、心理学、行为设计等方面的书籍和课程资料,如《福格行为模型》《我们为什么上瘾》《贪婪的多巴胺》《成瘾:如何设计让人上瘾的产品》《意志力陷阱》《根本停不下来:用心理学戒瘾,做一个自律的人》等,以脑科学家们所做的大量实验研究为基础,对行为上瘾进行了全面的解析,希望向读者朋友传递出科学的、正确的内容。如有遗漏或纰漏,还望指正。

编写这本书时,我一直秉持着学习和敬畏的态度,对那些对人类脑科学、行为心理学做出巨大贡献的科学家和学者们深表敬意,正因为他们付出的那些努力,我才得以写成这本书,帮助到更多有需要的朋友。同时,也感谢所有与我慷慨分享个人经历的朋友与网友,你们的故事和心得是一座桥梁，会给相似处境中的读者带去共鸣和力量。

最后，希望这本书可以帮助每一位读到它的朋友，正确认识行为上瘾，开启重塑习惯、重塑人生的大门，遇见更好的自己。